地方志災異資料叢刊

第二編 32

于春媚 賈貴榮 編

國家圖書館出版社

第三十二冊目録

【咸豐】邵武縣志……一
【光緒】重纂邵武府志……二三
【民國】重修邵武縣志……七三
【乾隆】光澤縣志……八七
【道光】重纂光澤縣志……一〇三
【乾隆】福寧府志……一六三
【乾隆】寧德縣志……二四一
【民國】霞浦縣志……二六七
【康熙】壽寧縣志……三一九

【光緒】福安縣志……三二七
【嘉慶】福鼎縣志……三五五
【民國】福鼎縣志……三六七
【康熙】羅源縣志……三八三
【道光】新修羅源縣志……三九七
【嘉慶】連江縣志……四二五
【民國】連江縣志……四四九
【民國】古田縣志……四五七
【道光】屏南縣志……四六九
【民國】屏南縣志……四七五
【道光】莆田縣志稿……四八三

【咸豐】邵武縣志

（清）李正芳修　（清）張葆森纂

清咸豐五年（1855）刻本（抄配）

邵武縣志卷十八

祥異

古者盛王不紀祥瑞，聖人不言怪異，雖蓂莢生庭，鳳凰鳴野，未聞以此誇太平之瑞，然神降於莘，石言於晉，春秋之義，特以警涼德之，尤蓋懲伏之感，召實政教之得失，攸關徵陰陽燥濕之不時，日月星辰之失度，災祥怪異，要皆人事主之，著之編，於亦以見一方政教之善否，而守土者所為觸目警心也。志祥異。

宗

大中祥符五年七月水、賜被水者錢粟、

天禧四年三月甘露降、

天聖四年夏六月大水、壞官私廬舍七千九百餘區

溺死者百五十餘人、詔賜被災家米二石、溺死者官

瘞之、秋九月雨水壞民廬舍

治平四年秋地震地裂泉湧壓覆軍民死者甚衆

紹興二年春饑斗米千錢、　六年春復饑野有餓殍

郡邑盜起、　八年旱、

乾道三年秋八月霖雨害稼禾麻菽粟多腐　六年旱
淳熙十二年饑無麥
十六年五月大霖雨
紹熙二年夏四月苦雨至五月　五年秋九月苦雨至十月　六年春大旱井竭泉人暍多疫死
嘉定二年夏六月連雨至于七月　十四年旱
開禧元年水
端平十二年六月大水冒城郭漂室廬死者萬數

淳祐七年春正月水詔發運司米二萬石給諸州被
水之民夏六月大旱秋七月詔賞福建路官民之家
濟糶者凡九人補轉官資有差
十二年水遣使賑恤秋七月復大水冒城瀉廬舍人
民死者萬計制使陳韡發楮三十萬漕使饒虎發楮
五十萬米五千石賑恤徐清叟奏乞除豁後得蠲九
郡苗米三十二萬五千七百石有奇
景定四年饑諫臣陳堯道請將元年至三年八郡義
倉米賑糶從之

德祐元年乙亥大疫，死者幾半。

元

元統前無考。至元元年大旱饑。　四年夏六月大水，城市漂流。秋八月大旱。　五年己卯秋七月大水。

至正四年秋大疫。　五年饑。　六年秋九月戊午地震，巽日地中有聲如鼓，夜復如之。　十一年冬十一月大雨震電，雨黑黍如蘆穄。明年二月，江西宜黄賊塗祐與邵武建寧賊應必達等攻陷邵武路。

十三年秋隕霜殺稼。　十四年大饑，人相食。

十八年五月陳友諒遣康泰趙琮鄧克明以兵入寇
二十二年春三月大水陳友定屯兵境上
明
洪武十七年大饑
永樂十四年七月大水冒城八月大疫
正統九年大饑冬地震 十四年饑
景泰六年大饑
天順二年四月大水 四年夏秋疫
成化二年疫 十年春正月地震有聲秋旱稼穡不

成 二十一年夏淫雨山水溢民居多壞瀕溪尤甚
田苗淤沙人畜溺死無算 二十二年夏秋旱虎傷
人踰百數
宏治元年饑 二年三年米價翔貴
十二年正月大水山崩廬舍漂蕩
正德二年五月大水六七月大疫 九年九月大帽
山賊從光澤入蹂躪邵境十二月火 十二年春夏
旱秋疫 十三年三月軍亂七月旱饑 十四年大
水六月火七月疫十二月至次年四月饑

嘉靖元年夏火秋大疫 二年七月霖雨害稼
三年八月火 七年五月水九年五月饑七月大水
十一年九月隕霜殺稼 十二年夏霖雨米價騰貴
十五年七月淫雨損稼 二十年十二月火 二十
五年七月燒東南北三門 二十九年濟川橋燬
三十一年水平地深丈餘濟川橋壞圮 三十九年
流寇來侵多虎害 四十二年流賊犯境殺平民甚
多
隆慶四年大水 萬歷十年八月日食既鷄皆栖宿

九月彗星長竟天形如彈色蒼尾長指西北四旬九夜滅　十七年大旱斗米一錢五分　二十二年五月饑知府孫成泰開倉平糶　二十四年痘疹爲災七月彗星見北斗　二十九年八月府學災聖殿尊經閣明倫堂俱燬　三十年四月濼堂災　三十一年二月天日無光雷雨隕雹如鵞卵傷禾麥殆盡八月十七日地震南北幾易位　三十二年三月盟香賊作亂尋平八月初六地震數百里有聲　三十三年縣著生芝草　三十七年五月初八日大水衝東

壩鐃壩登雲橋二十四日平地水深三丈漂東北二
橋崩沒官民田畝廬舍及溺死者無算　四十年正
月東路虎傷人水口寨巡檢司對門魚池內白日水
湧三尺五月內復然六月二十四日雷擊縣學堂
四十二年南隅火七月縣東拿口火　四十四年雷
擊大樟中分有劉庭之三字
崇正九年大饑斗米千錢無為教倡亂　十六年六
七月有星晝見南方　十七年三月府學明堂倫棟
梁折風隕縣學文廟〻角

清朝

順治三年丙戌八月二十五日夜軍器庫火。明日總兵李成棟統大兵入城。邵武歸順。識者以爲銷兵之應云。先是征南大將軍撤至。守道萬曰吉、知府朱慈龥、知縣熊兆行俱遁。至是照磨寧鄉老迎降。知府陳諧、副總池鳳鳴、同知洪東鏊、通判楊士昺、推官翁聲業、知縣趙之璉、典史柴萬鐘即日上任。

四年丁亥五月。東南方赤氣亘空旬日不散。鄉寇起。魯寵雲焚東橋。

五年戊子。郭之才兵變。按察司周亮工時駐邵邑平之。

十二年乙未大饑。

十三年丙申。總鎮府燬。冬火燬民居一百二十餘家。

十二月迎春。土牛頭自落。東

嶽廟金剛頭亦自落　十八年辛丑五月霪雨至六
月三日山崩沒田古山嶺有山搖動離其故處山頂
草木如故
康熙元年壬寅六月溪水暴漲　三年甲辰八月二
日府學銀杏樹自焚沃之愈熾　十年辛亥五月大
水　十三年甲寅耿精忠叛遣偽督劉可禮據城勒
取樟木餉銀至十五年
王師克復延建乃遁焚掠城中係累子女萬餘口
二十四年乙丑夏大旱　三十四年甲戌五月大水

三十五年乙亥旱　四十一年壬午東橋燬　四十二年西塔燬　五十一年壬辰火　六十一年壬寅秋大旱

雍正五年四月大水　六年戊申元旦火自九龍觀至鄉約所縣門燬　十年壬子春痘疹爲癘七月東門火

乾隆三年戊午正月初九雨雹二月十九又雨雹　六年辛酉府前火延燒華表門　八年癸亥大饑冬彗星見四旬餘乃沒　十四年己巳夏四月大水城

不浸者二版衝決東西石橋二橋經始于辛酉并城至是年始竣工鄉各橋梁殆盡漂沒廬舍溺死男婦甚多冬十一月東門火延燒百餘家 十五年庚午七月界首大水漂民居 二十七年壬午南關外火燬民居百餘家 二十八年癸未十二月北門火雎陽王廟燬 二十九年甲申霪雨自三月至五月 三十二年丁亥冬古山火延燬民居百餘家 三十三年戊子正月戴家井前火五月十二日雷擊三都許姓不孝子孫二人冬十一月至前二日大雷 三十四年己丑春正

月霪雨至夏五月橋多損傷

以上錄舊府志

乾隆壬午知府張琦署生靈芝屬吏王潤作瑞芝歌

以紀其事揀府署石刻補

乾隆四十年間汀州關某流落郡城其妻長軀大脚衆呼為關媽媽常來往人家亦三姑六婆之類一産三男面目醜惡不似人形咸傳以為異

同時有蕭嫂者一子年約十五六身短縮足不滿五寸行路蹒跚頭大如巨桶人咸戲侮之有遠方客謂

頭有寶出百金購之母貪甚允焉但欲當母面劈取

毋不忍事遂寢常打太平鼓唱野曲沿街乞食人呼

爲矮鬼

嘉慶六年雙刀會作亂

七年七月大水冲決官民田

十二年丁卯六月白沙來豺　八月越陽來大黑虎

傷人見吳賢湘甚德堂文集

十三年戊辰五月大水冲塌城垣廬舍

十五年府前街火延燒市屋民肆數百家

十八年府城隍廟燬
十九年秋彗星見於西入紫微垣
二十年秋大水
二十一年南門城樓燬
二十三年南門民舍火
二十五年大旱
道光五年秋螟傷稼大饑
六年四月大雨雹破屋瓦折竹木斃禽鳥無算
七年熒惑經井

十年赤氣起西方

十三年雷擊八角樓樟樹有字 西門城樓燬

十四年四月霪雨至五月水暴漲大饑斗米千錢開

官倉平糶 六月竹生米

十八年春痘疹爲癘城鄉兒女死者以數千計

十九年北門陳姓產一男無項頭陷於腹無腦頂成

凹手足皆短縮產下即斃母亦斃

二十年有水鳥數萬隻自西北來飛蔽天

二十一年雷火燒同知署樟樹至盡

二十五年雷震文廟棟柱

二十六年冬縣署海棠開一十八朵縣令來錫蕃作瑞棠圖

咸豐二年縣署鐵樹花同知署燬 西南山有獸虎頭牛身張口如箕

三年癸丑五月雨雹 六月土寇焚劫東鄉

七月彗星見西北方 八月桃李花竹抽新笋

冬棃棗桃李再實 泰府前蓮塘竭蓮塘自宋時已有之每暑月蓮葉舒青荷風送馥至是池竭迨明年無復萌矣

四年三月東鄉多豺虎 五月饑開義倉平糶 八

月歲星守斗

五年金星失次

(清)王琛、徐兆豐修　(清)張景祁、張元奇等纂

【光緒】重纂邵武府志

清光緒二十四年(1898)刻本

祥異

邵武縣

宋

大中祥符五年七月水賜被水者錢粟

天禧四年三月甘露降

天聖四年夏六月大水壞官私廬舍七千九百餘區溺死者百五十餘人詔賜被災家米二石溺死者官瘞之秋九月雨水壞民廬舍

治平四年秋地震地裂泉湧壓覆軍民死者甚衆

紹興二年春饑斗米千錢

六年春復饑野有餓殍

八年旱

乾道三年秋八月霖雨害稼禾麻菽粟多腐

六年旱

淳熙十二年饑無麥

十六年五月大霖雨

紹熙二年夏四月苦雨至五月

五年秋九月苦雨至十月

六年春大旱井泉竭人暍多疫死

嘉定二年夏六月連雨至於七月

十四年旱

開禧元年水

端平十二年六月大水冒城郭漂室廬人民死者約以萬數
計
淳祐七年春正月水詔發運司米二萬石給建甯邵武諸州
被水之民夏六月大旱秋七月詔賞福建路官民之家濟糶
者凡九人補轉官資有差
十二年水道使振卹秋七月復大水冒城蕩廬舍人民死者
萬計制使陳昉發錢三十萬漕使饒虎發楮五十萬米五千
石振卹徐清叟奏乞除豁後得蠲九郡米苗三十二萬五千
七百石有奇
景定四年饑諫臣陳堯道請將元年至三年八郡義倉米振

羅從之

德祐元年乙亥大疫死者幾半

元

元統前無考

至元元年大旱饑

四年夏六月大水城市漂流秋八月大旱

五年己卯秋七月大水

至正四年秋大疫

五年饑

六年秋九月戊午地震翼日地中有聲如鼓夜復如之

十一年冬十一月大雨震雹雨黑黍如蘆穄

十三年秋隕霜殺稼

十四年大饑人相食

二十二年春三月大水

明

洪武十七年大饑

永樂十四年七月大水冒城八月大疫

正統九年大饑冬地震

十四年饑

景泰六年大饑

天順二年四月大水

四年夏秋疫

成化三年疫

八年大水

十年春正月地震有聲秋旱稼穡不成

十一年四月大疫

十二年夏秋大旱

十七年夏大水

十八年饑

二十一年夏霪雨山水溢邵泰建民居多壞瀕溪尤甚田苗

淤沙人畜溺死無算

二十三年夏秋旱虎傷人踰百數

宏治元年饑

二年　三年俱米價翔貴

十二年正月大水山崩廬舍漂蕩

正德二年五月大水六月七月旱又大疫

四年饑

十二年春夏旱秋疫

十三年七月旱饑

十四年大水六月火七月疫民多受病十二月至次年四月

大饑

嘉靖元年夏火秋大疫

二年七月霖雨害稼

三年八月火

七年五月大水

八年七月大水

九年五月饑七月大水

十一年九月隕霜殺稼

十二年夏霖雨米價騰貴

十五年七月霪雨損稼

十七年六月天鼓鳴
二十年十二月火
二十五年火延燒東南北三門
二十九年濟川橋燬
三十一年水平地深丈餘濟川橋墩圮
三十九年多虎害
隆慶四年大水
萬歷三年五月霪雨
十年八月日食既雞皆栖宿九月彗星長竟天形如彈色蒼
尾長指西北四旬有九夜乃滅

十七年大旱斗米一錢五分一錢二字疑舊志有誤

二十一年六月十二日大水平地深丈餘壞廬舍溺死人民甚衆

二十二年五月饑知府孫成泰開倉平糶

二十四年痘疹爲癘七月彗星見北斗

二十九年八月府學災　聖殿尊經閣明倫堂俱燬

三十年四月縣堂災

三十一年二月天日無光雷雨隕雹如鷄卵傷禾麥殆盡八月十七日地大震

三十二年八月初六日地震數百里有聲

三十三年縣署生芝草
三十五年大雪竹樹皆折
三十七年五月初八日大水衝東壩饒壩登雲橋二十四日
平地水深三丈漂東北二橋崩沒官民田畝廬舍及溺死者
無算水退疫復作知縣宋良翰勘災振䘏
三十九年夏痘疹小兒多死疫大作
四十年正月東路虎傷人水口寨巡檢司對門魚池內白日
水湧三尺五月內復然六月二十四日雷擊縣堂
四十二年南隅火七月縣東拿口火
四十四年雷擊大樟中分有劉庭之三字

崇禎九年大饑斗米三錢

十六年六七月有星晝見南方

十七年三月府學明倫堂棟梁折風隕縣學文廟匾

國朝

順治三年丙戌八月二十五夜軍器庫火明日總兵李成棟統大兵入城邵武歸順識者以爲將兵之應云先是征南大將軍檄至守道萬曰吉知府朱慈愈知縣熊兆行俱遁至是照磨李鄉老迎降知府陳詰副總兵池鳳鳴同知洪秉銓通判楊士昇推官翁聲業知縣趙之連典史柴萬鍾即日上任

四年丁亥五月東南方赤氣亙空旬日不散曾雲龍焚東橋

六月大饑

五年戊子疫大作民人死亡夏大饑斗米五錢西門井夜鳴

六年己丑起至九年皆大饑白虎晝出噬人
七年庚寅十二月二十六日地震
十年癸巳大水
十一年甲午火燬鼓樓舖獄及民居數百家十二月望月中
天赤色無光
十二年乙未大饑
十三年丙申總鎮府燬
十四年丁酉冬火燬民居一百二十餘家
十七年庚子五月風雨如深秋十二月迎春土牛頭自落東
嶽廟金剛頭亦自落

十八年辛丑五月霪雨至六月三日山崩溲田古山嶺有山搖動離其故處山頂草木如故

康熙元年壬寅六月溪水暴漲渾濁如膏臭穢觸人魚鱉盡死

二年癸卯三月十三夜月圓如望

三年甲辰八月二日府學銀杏樹自焚沃之愈熾

五年丙午水北虞家婦一產五口男四女一俱不育

十年辛亥五月大水十一月冬至雷

二十四年乙丑夏大旱

三十四年甲戌五月大水

三十五年乙亥旱

四十一年壬午東橋燬

四十二年癸未西堎燬秋九月雨雹傷禾

五十一年壬辰火

六十一年壬寅秋大旱

雍正四年丙午夏饑

五年丁未四月大水

六年戊申元旦火自九龍觀至鄉約所縣門燬

七年己酉七月大水

十年壬子春痘疹爲癘七月東門火

乾隆三年戊午正月初九雨雹二月十九又雨雹

六年辛酉府前火延燒華表門

八年癸亥大饑六月西鄉雨豆冬彗星見四旬餘乃沒

十四年己巳夏四月大水城不浸者二版衝決東西石橋二橋經始於辛酉至是年始竣工并城鄉各橋梁殆盡漂沒廬舍溺死男婦甚多冬十一月東門火延燒百餘家

十五年庚午七月界首大水漂民居

十八年癸酉　文廟前有白雀數千飛繞

二十七年壬午府署生靈芝屬吏王潤作瑞芝歌採府石南刻補

關外火燬民居百餘家

二十八年癸未十二月北門火睢陽王廟燬
二十九年甲申霪雨自三月至五月
三十二年丁亥冬古山火延燒民居百餘家
三十三年戊子正月戴家井前火五月十二日雷擊三都許
姓不孝子孫二人冬十一月至前二日大雷
三十四年己丑春正月霪雨至夏五月橋多損傷
嘉慶十三年戊辰五月大水沖塌城垣廬舍
十八年癸酉府城隍廟燬
十九年甲戌秋彗星見於西
二十年乙亥秋大水

二十五年庚辰大旱
道光五年乙酉秋螟傷稼大饑
六年丙戌四月大雨雹破屋瓦折竹木斃禽鳥無算
十三年癸巳雷擊八角樓樟樹有字
十四年甲午四月霪雨至五月水暴漲大饑斗米千錢開倉
平糶六月竹生米
二十年庚子有水鬼數萬自西北至
二十五年乙巳雷震　文廟柱
二十六年丙午冬縣署海棠開一十八朵邑令李錫蕃作瑞棠圖
咸豐二年壬子縣署鐵樹花　同知署燬　西南山有獸虎

頭牛身張口如箕

三年癸丑五月雨雹七月彗星見西北方八月桃李花竹抽新筍冬深桃李再實　泰府前蓮塘竭蓮塘自朱時已有之每暑月蓮葉舒青荷風送馥至是池竭迨明年無復萌矣

四年三月東鄉多豺虎五月饑開義倉平糶八月歲星守斗

五年金星失次

七年丁巳樵西嚴市坊數百家全燬

八年戊午秋彗星見於西方

十年庚申三月十四日大風拔木

十一年春大風拔木

同治元年壬戌冬地震

三年甲子夏大水田舍橋梁多圮

八年己巳春大水沖塌橋梁田陂　又雷擊古山社廟樟樹

龍火焚之

九年庚午米價騰貴

光緒二年丙子夏大水田廬多圮冬米價翔貴

三年丁丑夏蝗蟲食禾葉秋米價大貴石米五千錢七月府

前街火又二十四日戌刻忽白光鋪地如月瞥眼不見

七年辛巳秋大水彗星見

八年壬午秋孛星見

九年癸未大水
十二年丙戌秋七月十九大水橋陂田舍多圮
十三年丁亥冬東門外火延燒民居二百餘家
十五年己丑夏雨雹
十八年壬辰夏大水
十九年癸巳夏秋米貴冬鐘樓下火延燒縣署頭門
二十年甲午虎傷四十三都鍾姓八
二十一年乙未西鄉多豺虎　夏秋旱
二十二年六月南路雨雹

光澤縣

宋
多詳邵武軍於邑無攷

元

元統前無考

至元五年己卯秋七月大水

至正十三年秋隕霜殺稼

二十二年春三月大水

明

永樂十四年七月大水

正統十四年秋疫

天順二年四月大水

成化三年饑知縣屈伸發粟振之
十二年饑
十三年饑知縣陳紀發倉振之
十九年饑知縣何昌言發粟振之
二十一年饑縣丞王謙發粟振之
又末年有老叟妻妾十一人共生百子據通志補
宏治二年饑知縣魏默發粟振之
七年饑
正德二年大疫
四年饑

隆慶四年大水

萬歷三十三年火學宮縣門城隍廟俱燬

三十四年五月二十四日大水

國朝

順治七年庚寅十二月二十六日地震

康熙元年壬寅六月大水

三年甲辰秋旱

九年庚戌秋旱

十年辛亥五月大水

十六年丁巳夏疫

二十年辛酉旱

二十一年壬戌七月七日風雷陡作雨雹沙石飛走火光衝入九龍庵樓亭折飄上半空至晚方息

二十二年癸亥六月六日大水決各都田禾

三十四年甲戌五月大水秋旱

三十六年丁丑正月十五日城東火平濟橋燬

四十三年甲申饑

四十九年庚寅水夏有虎患

五十五年丙申禾一莖三穗連歲大有

六十年辛丑地震

六十一年壬寅洪濟坊火
雍正元年至四年連年虎患
五年丁未四月大水出蛟衝棄橋梁殆盡是年鹽歉每觔售
八十錢
九年辛亥大饑
乾隆元年丙辰七月二十四日奎閣上梁有彩雲形如飛鳳
良久始散
八年癸亥饑秋疫
九年甲子春彗星見又饑
十四年己巳夏四月朔夜半大水冒城五尺壞西北城決田

廬濟人無算

十六年辛未饑

二十四年己卯三月大雨雹夏疫秋城鄉多火災大有年

二十九年甲申饑

三十年乙酉六月十九日大水東西橋圯決田無算

三十四年己丑春夏霪雨無麥禾又大饑

三十五年庚寅六月十四日雷震奎閣

三十七年壬辰十二月十七日縣署火燬大堂延內宅及六

房卷宗多焚

三十八年癸巳六月初十日大風三日夜禾半偃大木拔石

柾起橋亭飛

四十一年丙申十二月五日大雪平地深二尺

四十八年癸卯六月大水壞禾稼自四月至六月苦雨

四十九年甲辰四月大饑

五十五年庚戌元旦大雪平地深二尺七日乃霽二月十七夜大風雹自西數十里大木拔橋亭飛牆屋傾七月十四日

大水浸城人多溺死

六十年乙卯五月饑

嘉慶二年丁巳八月二十四日地震

五年庚申元旦大雪三日四月十五日北城樓火七月大水

七年壬戌七月十五日大水壞田渰人無算十一月十六日東門火燬城樓及東橋

十年乙丑夏大饑

十一年丙寅二月朔日夜分雷震大成殿二門外中左柱及横梁有劈痕

十三年戊辰五月大水決北門城堞

十六年辛未秋彗星見

十八年癸酉六月三日北鄉大水壞田廬無算所在隄壩並決

十九年甲戌正月六日杭川書院火三月朔日雷震奎閣

二十一年丙子二月七日大雪大冰四月大水

二十五年庚辰六月大旱水泉竭人多暍死七月十四日大雨三日復旱二十五日大風禾秀不實

道光二年壬午除夕西橋災

五年乙酉螽傷稼十之四

六年丙戌大旱饑

九年己丑十月縣署火內宅俱燼

十四年甲午五月大饑春夏苦雨鹽與米價爭翔

十五年乙未春夏大疫閏六月大旱

十六年丙申四月大水

十七年丁酉大有年
咸豐四年甲寅西城外火災自稅關延至寺前街馬口
五年乙卯四月雨雹冬大雪平地深三尺
六年丙辰夏欃槍星晝見自未至申起西北沒東南光芒十
餘丈
七年丁巳元旦黃霧四塞二月二十九夜星隕如雨秋冬大
疫死者無算
八年戊午秋大疫死者無算
九年己未秋大熟
十年庚申大熟

十一年辛酉夏彗星見五月大水

同治元年壬戌十月朔地震

二年癸亥冬大雪

三年甲子四月大水北溪被害尤劇

八年巳巳夏大水

九年庚午大饑

十年辛未五月大風拔木瓦石皆飛牆屋傾頹者甚多

光緒二年丙子蟊傷稼十之五大饑

六年庚辰大有年

七年辛巳六月彗星見七月大水冒城至夜舟自西北城堞

上流入西鄉決田廬渰人畜無算九月西城外火災

八年壬午五月大寒高山積雪八月長星見如匹練亙天西城外火災

九年癸未大旱秋冬早晚天色如焚照地皆赤

十一年乙酉西城外火災自萬壽宮延至接龍橋

十二年丙戌七月北溪大水決田廬渰沒人畜無算同日城堞四隅各圮十餘丈

十三年丁亥元旦雷電

十八年壬辰七月雨雹

十九年癸巳大饑城鄉火災七月東城外火延燒朝宗門城

樓冬大雨雪水木皆冰

二十年甲午秋大疫

二十一年乙未西城外火災

二十二年丙申秋疫

泰甯縣

宋

乾道六年有雀飛鳴立鼇於瑞佛刹香鼎上先是紹興初亦有雀立鼇於丹霞佛刹之鼎皆爲孽也釋謂羽化妄矣據通志補

慶元二年正月邑有耕夫得鏡厚三寸徑尺有二寸照見水底與日爭輝病熱者對之心骨生寒

六年春大旱井竭人渴多疫死

明

永樂十九年大水

正統十四年大饑秋疫是年邑與將樂二縣界有物黑色狀如馬長十餘丈飛遶山上凡三日

成化十六年四月大水

十八年饑虎傷人

二十一年夏霪雨山水溢民居多壞

正德十四年大水又七月火燬民居三之二

嘉靖二年七月雨黑黍如蘆穄

七年二月火五月火壞利涉橋、
十七年五月大雨雹六月天鼓鳴
三十七年戊午是歲知縣熊鶚始築城
萬歷三年五月霪雨水漂廬舍民多溺死
二十一年六月大水城垣圮
三十七年五月二十四日大水城崩
四十五年火
崇禎六年六月火利涉橋燬
十一年除久火延燬百六十家
十六年冬笱生竹

國朝

順治七年庚寅八月火燬民房二百餘家城屋數十間十二

月二十六日地震

八年辛卯八月十三日有星隕地光如月

十一年甲午修南關水溝黑風四起吹一巨石隕於水

十八年辛丑夏六月大水

康熙元年壬寅六月大水暴漲

四年乙巳旱

五年丙午冬火

六年丁未六月十一日天鼓鳴

八年己酉冬開善保山筍成竹

十年辛亥九月火焚民舍千餘城屋數十間十一月冬至雷

十八年已未夏五月山溪暴漲城中水深丈餘東西北城牆

崩利涉橋壞居民房屋冲塌無算

十九年庚申四月二十八日白氣自西亙東有聲如雷

三十六年丁丑旱饑知縣甘國瑨開倉振糶

四十二年癸未夏五月旱秋九月雨雹傷禾

六十年辛丑地震以後無攷

建寧縣

宋

多詳邵武軍於邑無考

元

明

成化二十一年夏霪雨山水溢民居多壞

正德十六年三月大水

嘉靖七年正月火

八年十月火

九年四月大水五月饑

十五年十月火

十七年五月大雨雹

十九年五月大水壞鎮安橋

二十一年火

隆慶四年大水

萬歷三十年冬南門火延燬　文廟盗殺居民謝昇家男婦

十一人知縣區元望置盗不究

三十七年五月二十四日大水

三十八年火燬鎮安橋

天啟二年夏大水

崇禎元年春二月隕霜米貴

二年九月大水

國朝

順治三年丙戌冬十二月大水

四年丁亥五月大水北城傾

七年庚寅六月雨雹十二月二十六日地震

八年辛卯夏大饑斗米錢三百各鄉多虎患

十一年甲午冬大疫

十二年乙未旱

十四年丁酉夏大風

十五年戊戌春鐘樓災燬民居數十家

十七年庚子春三月地震

十八年辛丑五月大雨雪六月隕霜

康熙元年壬寅六月楚上保出蛟壞田二十餘里皆爲溪谷

三年甲辰冬銕山崩

十年辛亥五月大水

二十年辛酉鎮安橋災

二十二年癸亥夏五月大水壞東南城

二十九年庚午鐘樓火

三十五年丙子秋七月旱

四十一年壬午秋七月旱

四十三年甲申五月大水七月水南火

五十三年甲午冬大水

五十九年庚子旱
六十年辛丑地震
雍正元年癸卯夏六月十八日巳刻雷撼文廟殿脊
四年丙午秋七月祥光起聖殿
五年丁未夏四月大水
六年戊申疫
十年壬子夏五月大水
十三年乙卯春正月鎮安橋災
乾隆二年丁巳夏大水冬至雷
四年己未秋七月鎮安橋災

八年癸亥夏四月大水

十四年己巳冬十一月龍興寺災

十五年庚午五七月俱大水六月大風晝晦有蛇自城北後山隨雲飛去

十六年辛未夏大水秋八月聯雲橋災

十八年癸酉夏大水　文廟前有白雀數千飛繞

嘉慶七年壬戌七月大雨地水湧出北溪大漲漂沒廬舍居民登鑪峰避水

道光十三年癸巳八月天忽大寒禾凍死秋稼無成

十四年甲午大饑斗米值錢八百餓殍載道至秋大稔

咸豐八年戊午七月彗星出東南長數丈至九月始滅

十年庚申十月地震

同治十一年壬申四月連日雨菽

十三年甲戌十月彗星見

光緒元年乙亥十一月白虹貫日閱日始滅

三年丁丑夏禾蟲七月有火雲一朵從東南角光芒四射流至天中始滅自此禾蟲盡死

十三年丁亥七月艮淺地方更深時忽聞鬨聲甚厲開戶渺然九月有江右船幫與汀州船丁滋事死者甚多

十七年辛卯三月雨雹狂飆大作屋瓦皆震 文昌閣被壞

木連根拔

十八年壬辰十一月有二龍在空中旋繞

秦振夫等修　朱書田等纂

【民國】重修邵武縣志

民國二十六年（1937）永生堂鉛印本

附災異

宋

真宗大中祥符五年七月水賜被水者錢粟

仁宗天聖四年夏六月大水壞官私廬舍七千九百餘區溺死者百五十餘人詔賜被災家米二石溺死者官瘞之秋九月雨水壞民廬舍

英宗治平四年秋地震地裂泉湧壓覆軍民死者甚衆

高宗紹興二年春飢斗米千錢六年春復飢野有餓殍（邵邑盜起）

八年旱

孝宗乾道三年秋八月霖雨害稼禾麻菽粟多腐

六年旱

淳熙十二年飢無麥

十六年五月大霖雨

光宗紹熙二年夏四月雨至五月

五年秋九月雨至十月

六年春大旱井泉竭人渴多疫死

甯宗嘉定二年夏六月雨至七月

十四年旱

開禧元年水

理宗端平十二年六月大水冒城郭漂室廬死者約以數萬計

淳祐七年春正月水詔發運司米二萬石給建甯邵武諸州被水之民夏六月大旱秋七月詔賓賑建路

官民之家濟糶者凡九人補轉官賞有差

十二年水遣使賑卹秋七月復大水冒城蕩廬舍人民死者萬計制使陳昉發楮三十萬漕使饒虎發楮

五十萬米五千石賑卹徐清叟奏乞除豁後得蠲九郡米苗二十二萬五千七百石有奇

景定四年飢諫臣陳堯道請將元年至三年入郡義倉米賑糶從之

帝㬎德祐元年乙亥大疫死者幾半

元

順帝至正四年秋大疫

五年飢

六年秋九月戊午地震翌日地中有聲如鼓夜復如之

十一年冬十一月大雨震電黑黍如盧

十三年秋隕霜殺稼

十四年大飢人相食

二十二年春三月大水

明

大祖洪武十七年大飢

成祖永樂十四年七月大水冒城八月大疫

英宗正統九年大飢冬地震

十四年飢

景帝景泰六年大飢

英宗天順二年四月大水

四年夏秋疫

憲宗成化二年疫

八年大水

十年春正月地震有聲秋旱稼穡不成

十一年夏秋大旱

十二年夏大水

十八年饑

二十一年夏霪雨山水溢民居多壞瀨溪充塞田苗淤沙人畜溺死無算

二十三年夏秋旱虎傷人踰百數

孝宗弘治元年饑

二年三年米價騰貴

十二年正月大水山山崩廬舍漂蕩

武宗正德一年五月大水六月七月旱又大疫

四年饑

九年十二月火

十二年春夏旱秋疫

十三年七月旱饑

十四年大水六月火七月疫十二月至次年四月大飢
世宗嘉靖元年夏火秋大疫
二年七月霖雨害稼
三年八月火
七年五月大水
八年七月大水
九年五月飢七月大水
十一年九月隕霜害稼
十二年夏霖雨米價騰貴
十五年七月霪雨損稼
二十年十二月火
二十五年火延燒東南北三門
二十九年濟川橋燬
三十一年水平地深丈餘濟川橋墩圮
三十九年多虎害
穆宗隆慶四年大水
神宗萬歷三年五月霪雨

福建邵武永生堂承印

十七年大旱斗米一錢五分一錢二字疑舊志有誤

二十一年六月十二日大水平地深丈餘壞廬舍溺死人民甚衆

二十二年五月飢知府孫成泰開倉平糶

二十四年痘疹爲癘

二十九年八月府學災　聖殿尊經閣明倫堂俱燬

三十年四月縣堂災

三十一年二月天日無光雷雨隕雹如鷄卵傷禾殆盡八月十七日地大震

三十二年八月初六日地震數百里有聲

三十七年五月初八日大水衝東城饒城登雲橋二十四日平地水深三丈漂東北二橋崩沒官民田畝廬舍及溺死者無算水退疫復作知縣宋良翰勸災賑豁

三十九年夏疫大作

四十二年南隅火七月縣東傘口火

思宗崇禎九年大飢斗米三錢

清

世祖順治四年丁亥六月大飢

五年戊子疫大作民人死亡夏大飢斗米五錢

六年己丑起至九年皆大飢白虎晝出噬人

七年癸巳大水

十一年甲午火燬鼓樓舖獄及居民數百家

十二年乙未大饑

十三年丙申總鎮府燬

十四年丁酉冬火燬民居百二十餘家

十七年庚子五月風雨如深秋

十八年辛丑五月霪雨至六月二日山崩沒田古山嶺有山動搖離其故處山頂草木如故

聖祖康熙元年壬寅六月溪水暴漲渾濁如膏臭穢觸人魚鼈盡死

三年甲辰八月二日府學銀杏樹自焚沃之愈熾

五年丙午水北廣家婦一產五口男四女一俱不育

十年辛亥五月大水十一月冬雷

二十一年乙丑夏大旱

三十四年乙亥五月大水

三十五年丙子旱

四十一年壬午東橋燬

福建邵武永生堂承印

四十二癸未西埝燬秋九月雨雹傷禾

五十一年壬辰火

六十一年壬寅秋大旱

世宗雍正四年丙午夏饑

五年丁未四月大水

六年戊申元旦火自九龍觀至鄉約所縣門燬

七年己酉七月大水

十年壬子春痘疹爲癘七月東門火

高宗乾隆三年戊午正月初九日雨雹三月十九日又雨雹

六年辛酉府前火延燒華表門

八年癸亥大饑六月西鄉雨豆

十四年己巳夏四月大水城不沒者三版衝決東西石橋二橋經始於辛酉至是年始竣工並城鄉各橋梁殆盡漂沒廬舍溺死男婦甚多

冬十一月東門火延燒百餘家

十五年庚午七月界首大水漂民居

二十七年壬午南關外火燬民居百餘家

二十八年癸未十二月北門火睢陽王廟燬
二十九年甲申霪雨自二月至五月
三十二年丁亥冬古山火延燒民居百餘家
三十三年戊子正月戴家井前火
三十四年乙丑春正月霪雨至夏五月橋多損傷
仁宗嘉慶七年壬戌七月大水衝決官民田
十三年戊辰五月大水冲塌城垣廬舍
十五庚午府前街火延燒市廛數百家
十八年癸酉府城隍廟燬
二十年乙亥秋大水
二十一年丙子南門城樓燬
二十三年戊寅南門民舍火
二十五年庚辰大旱
宣宗道光九年乙酉秋螟傷稼大飢
六年丙戌四月大雨雹破屋瓦折竹木斃禽獸無算
十四年甲午四月霪雨至五月水暴漲大飢斗米千錢開倉平糶
十八年戊戌春瘟疫盛行城鄉兒女死者以數千計

福建邵武永生堂承印

二十一年辛丑雷火燬同知署樟樹至盡
五十五年乙巳雷震文廟柱
文宗咸豐三年癸丑五月雨雹
四年甲寅五月飢開倉平糶
七年丁巳樵西巖市坊數百家全燬
十年庚申三月十四日大風拔木
十一年辛酉春大風拔木
穆宗同治元年壬戌冬地震
三年甲子夏大水田舍橋梁多圮
八年己巳春大水冲塌橋梁田陂
九年庚午米價騰貴
德宗光緒二年丙子夏大水田廬多圮冬米價騰貴
三年丁丑夏螣蟲食禾藁秋米價大貴石米五千錢七月府前街火
七年辛巳秋大水
九年癸未大水
十二年丙戌秋七月十九日大水橋陂田舍多圮
十三年丁亥冬東門外火延燒民居二百餘家

十五年己丑夏雨雹
十八年壬辰夏大水
十九年癸巳夏秋米貴冬鐘樓下火延燒二百家及縣署頭門
二十一年乙未夏秋旱
二十二年丙申六月南路雨雹
二十六年庚子五月參府署前火葯庫爆發全城屋宇震動
二十九年癸卯西城內白狗熊傷人
三十一年乙巳七月南城外直街白日虎傷鄒姓婦左腿又傷篾匠某腐腸出俱死
三十二年丙午青黃不接斗米五錢
三十四年戊申南城濠邊白日發見狗熊
遜帝宣統三年辛亥春大雪秋久雨水漲田稻生芽
民國二年癸丑夏飢斗米七錢開倉平糶
三年甲寅大雨連旬水漲害稼
六年丙辰正月初三日巳刻地震
十一年壬戌六月二十二日午刻大水城塌二處平地水深二丈府學崩塌漂沒民舍田畝橋梁人溺死者無算
冬北鄉晚稻生蟲禾萎過半

福建邵武永生堂承印

十八年己巳春夜暴雨颶風西山木屋瓦飛騰古潭橋梁多圮

二十三年夏六月十八夜古潭大水漂沒橋梁水碓冲決廬舍田畝

（清）段夢日修　（清）魏洪纂

【乾隆】光澤縣志

抄本

禨祥 附

元

至正五年七月大水

十三年秋隕霜殺稼

二十一年春三月大水

明

永樂十四年七月大水（冒城蕩廬舍漂溺男女數千口）八月大疫

正統九年饑　十一月地震

十四年秋大疫死者無算邑人李孟貴蘇彥銘施貧者棺

景泰六年饑邑人沙彥清施貧粥

天順二年四月大水

四年夏秋疫邑人鄭諒施貧者棺

成化二年疫邑人鄭諒施貧者棺

三年饑邑人屈仲發粮一千一百二十八石七斗賑饑民二千二百五十七口

十年正月地震有聲　是年旱稼穡不成

十一年四月大疫至冬方息邑人李孟貴施貧者棺

是年又大饑縣丞楊鵬發預備倉糧七千四百五十四石六斗賑濟饑民一萬四千九百九十口

十三年饑邑令陳紀發預備倉粮八千四百五十八石賑濟饑民一萬六千九百一十口

十八年饑邑令何昌言發預備倉粮四千二百六十九石賑濟饑民八千五百七十九口

十九年饑邑令何昌言發預備倉糧六千五百四十石五斗賑濟饑民一萬三千八十一口

二十二年饑縣丞王謙發預備倉粮一萬八百九十四石賑濟饑民二萬一千七百口

宏治二年饑邑令魏默發倉粮賑濟

七年饑

正德二年七月大疫邑令余宗鳳申詳上司發倉穀三百五十石卹病死人户一百

七十五户

四年饑米價翔貴邑令玉徽發倉賑濟

十二年春夏旱邑令鍾華虔禱之

秋大疫邑令鍾華撰禳疫文告於城隍是年春冬又有虎患

嘉靖三年十月甘露降

六年三月甘露降

三十九年山冦竊發由泰寧擄西関外廬舍燒燬人民死者無筭是年虎又傷人

隆慶四年七月大水

萬曆五年十一月慧星見

二十一年六月洪水由西路發浸西闗入城田廬推壞人民淹死邑令陳宗詠登城設祭涕泣不止隨以縣門上光澤縣牌擲之水始退

三十一年二月　日倏忽不見天日雷雨交作落雹如鵞卵牛鴨有擊死者麻麥殆盡八月十七日地震南北

三十三年大由孝感坊起燬學舍宮沿至縣大門察院門還至城隍廟俱被災

三十七年夏大水人民田廬橋梁多所漂沒在北路

尤甚邑令羅希尹申詳發倉穀賑給

四十二年饑邑令汪正誼申詳發常平倉粮五千石賑濟本府推官程登龍散給是年秋大旱八月十四日大風雹仆十七都一都田禾數百畝

崇禎九年大饑斗米價三錢

國朝

順治五年三月江西撫州金渠倡乱賊冦盤踞城鄉疫癘大作人民死亡自三月至八月啖糠茹草民莫聊生

六年七年八年九年皆大饑白晝虎出噬人流亡者
不可數計
十一年冬瘟疹痊者十無一二
十二年大饑斗米價三錢
十四年春虎每夜入城傷害猪畜
康熙元年六月天甚晴朗忽然洪水瀑漲魚蝦驚竄
沿江居民出入波濤傳云金坑龍井摧陷光澤邵
武新城等邑
三年秋旱邑令朱經虞禱舊侯徐起鵬

九年秋大旱邑令劉祖向祈禱

十年五月內大水詳建置

冬十一月大雪平地深三尺山中民有絕火受饑者

十四年耿逆烏合數餘萬刮粮不敷分外橫征檄偽
知縣陳宗禹派取銅斤鹽口每三日嚴刑追比又
報授納例監農吏貫索殷道囹圄常滿民甚苦之

十六十七十八年耿逆餘孽陳江楊等盤踞西北二
鄉焚燬房屋俘擄子女北路一帶田盡荒蕪連年
饑饉村落流離婦女有墜涯投水盡節死者甚衆

二十年秋大旱邑令金鳴鳳祈雨

二十一年七月初七日未刻忽然烈風迅雷雨雹大作飛沙走石黑霧火光從南方衝入茶市新建九龍庵内將外庵六角亭及後高樓吹至半空折倒聲振天地比晚風雹始息

二十二年六月初六日洪水决去十六都二十三都二十四都十一都田甚多各都田不可數計

三十四年五月大水沖壞民田　秋大旱其年田穀不登

三十七年正月十五日東門城外火災延燒平濟橋

四十一年四月熊自西越城而入邑令蘇迥偕駐防張宏祚率兵役從屋上射下斃之重百餘觔名為狗熊是年邑令蘇卒

四十三年饑奉撫院發監穀賑濟是年二十七都王田里竹花結實如米鄉人採之以度荒

四十九年夏邑遭虎患二十七都尤甚白晝噬人鄉约黄冀北生員黄廸簡何蘭莘具呈邑令華宗源禱告城隍虎患遂息閏七月十三日大水

五十五年禾一莖三穗歲大有

五十六年五月旱至秋始雨冬大熟
五十八年五十九年連年豐熟
六十年夏旱邑令吴壹禱雨自四月至八月初八日始雨歲熟
六十一年洪濟坊火灾八十餘户
雍正元年至四年連年虎患
五年四月大水十六都出蛟冲决仙華橋一半二十七都源頭蛟水决瀘邑橋梁殆盡五六月鹽米貴邑令張秉綸發米平糶發鹽平賣
乾隆元年七月二十四日午時文閣上梁彩雲圍繞

形如飛鳳

八年饑邑令王文沛發米平糶徧山生蕨鄉人採取為粮以度荒秋疫邑令建醮祈禳

九年饑邑令王文沛發米平糶三月東門善利坊火災七月西門杭市街火災

八年冬至九年正月彗星見

十四年四月初一日夜半大水山崩平地水湧出冒城五尺西北一帶城垛冲倒各都田地決去近溪屋宇漂没溺死男婦甚多大河橋梁自邑至省冲決殆盡惟邑城東西二橋無恙哭戶報荒署縣嵇

璇各處勘明造册報部

十六年饑邑令蔣　芳發米平糶又勸殷户出米助糶七月中旬太白晝見

二十三年十八都梁家坊火災四都水口火災邑令段夢日親詣賑卹歷年牛疫是歲尤甚

二十四年三月十三日降雹其大如彈夏疫邑令段夢日齋戒建醮祈禱秋冬乾燥城鄉多火災是年大有

（清）盛朝輔等修 （清）高澎然等纂

【道光】重纂光澤縣志

清同治九年（1870）補版重印本

時事表

大事	宋太祖朝　邵武縣財演鎮領二鄉西曰光澤北曰鸞鳳 太宗朝　太平興國四年升邵武縣爲軍卽財演鎮置光澤縣隸之據宋史太
災祥	
饑穰	
寇警	

宗紀

眞宗朝

大中祥符五年賜被水家錢粟（據府志略）

大中祥符五年七月大水（據武陽志）

仁宗朝

天聖四年賜被水家米二石（據府志）

天聖四年六月大水（據府志）

慶歷四年建學（據柯潛學記）

按宋史仁宗紀是年詔天下州縣建學

英宗朝　神宗朝

未必光澤建學卽在奉詔本年而柯潛學記云爾從之

元豐初知縣事上官均立義社據宋史上官均傳

治平四年秋地震據府志

哲宗朝	徽宗朝	欽宗朝	高宗朝
元祐中知縣事江逌定經界(據通志)			紹興元年十月知軍事吳必明統制李山率師(志)
			紹興八年旱(據府志)
			紹興二年春饑斗米千錢 六年春饑(並據府志)
			紹興元年十一月范汝爲遣兵犯光澤

孝宗

拒建賊范汝爲兵潰李山退保光澤十一月汝爲來寇山走信州據宋史高宗紀建炎以來繫年要錄二年五月統制韓世忠破賊建州汝爲焚死據宋史韓世忠傳

二年陷邵武軍參據宋史高宗紀傳建炎以來繫年要錄

乾道三年八月淳熙十二年饑霖雨害稼據府志

朝

六年旱

淳熙十六年大霖雨並據府志

光宗朝

紹熙初知縣事張訢建社倉據朱子光澤新建社倉記

三年建舉子倉據舊志

紹熙二年自四月雨至於五月

五年自九月雨至於十月並據府志

慶元六年大旱井泉竭竭

嘉定二年自六月雨至於七月

理宗朝

十四年旱並據府志

紹定二年主簿包恢起平寇走之據宋史包恢本傳三年招捕使陳韡擊羣盜獲晏頭陀復邵武軍據劉後邨大全集真文忠公集端平二年知軍事王埜率師擣賊巢破之日未縱死據宋史王埜傳

端平十二年六月大水冒城死志者萬數淳祐七年正月大水六月大旱十二年七月六水冒城死者萬數並據府志

景定四年饑據府

紹定二年汀州盜晏頭陀作亂邵武南劍諸盜起應之初陷沙縣招捕使陳韡破之於高橋賊遂趨邵武分擾諸縣據後邨集文忠公集三年賊陷邵武軍戍將胡斌死之據宋史胡斌傳

淳祐七年詔發運司米給被水家據府志

十二年制使陳昉漕使饒虎發錢米賑災據府志

按此即前溢府志作建昌變誤

端平二年七月建陽賊襲日未犯邵武軍據宋史王埜傳

按郡人嚴羽作平寇頌言醜類鴟環數百里知光澤亦被寇也

度宗朝

淳祐十一年盜王若曾犯邵武軍諸縣騷動據文山集

恭宗朝

德祐元年江西制置使黃萬石兵敗走邵武以邵武叛降於元據元史世祖本紀

德祐元年大疫據府志

端宗朝

景炎元年七月右丞相文天祥開府南劍州遣將呂武領兵復邵武軍據宋史十一月元將阿剌罕破邵武軍據元史世祖本紀二年七月張世傑遣將高日新復邵武據宋簡閩錄九月元將也的

世祖朝	遂失收邵武據續宏簡錄
至元十六年宋亡前三年升邵武軍為路仍轄光澤據元史世祖本紀加邵武路為總管萬戶府據總管襲天祐改路為府記、二十年三月免歸附後未徵舊稅據續宏簡錄	

成宗朝	武宗朝	仁宗朝	英
元貞二年九月定合秋稅輸糧夏稅輸木棉布絹絲綿土物（據續宏簡錄）			

宗朝	泰定帝朝	明宗朝	文宗朝
	泰定三年五月罷福建諸縣歲供蔗餳據續宏簡錄		天曆二年知縣況逵建雲巖書院據虞道園集書院記

卷之二 時事表 七

寧宗朝	順帝朝
	元統元年建杉關驛至正五年移大寺樂巡檢司於止馬市並據舊志十二年七月本路總管吳按攤不花領兵由順昌追討塗佑等
	至元元年大旱四年六月大水八月大旱五年七月大水並據府志按段志作至正五年誤至正十一年邵武屬雨黍人取
	至元元年饑至正五年饑十四年大饑人相食並據府志
	至正十二年四月江西宜黃賊塗佑與建寧賊應必達攻陷邵武路據續宏簡錄十八年四月陳友諒遣將鄧克明康泰趙琮寇邵武路據元史陳友諒

破之於郡城北
千戶魏淳擒佑
必達檻送元帥
府斬以徇據黃鎮成克復城池記
按黃記載按攤不花至郡城東殲賊前隊忽報賊擁眾至城北營是分據光澤赴援者

以食據元史順帝本紀
十三年秋隕霜殺稼據段志
二十二年三月大水據同上

傳
冬邑賊襲承結千戶魏劉家奴搆亂焚學宮據府志
二十一年春正明陷邵武路據閩大記明文海
按府志載十九年十一月陳友諒兵陷杉關者友諒

二十二年八月汀州總管陳有定破鄧克明悉復邵武諸城克等由杉關道據閩大記按府志載是年三月陳有定屯兵邵武者閩大記有定以是年八月奉行省檄

傳方康泰等趨邵武友諒自以兵取吉安建昌撫州諸路未嘗至福建何有兵陷杉關事詔云遣將非親臨而克明陷邵武在二十一年非十九年也

統兵由建寧路破克明始復邵武延平諸屬縣安有邵武事三月便屯兵邵武事

二十七年福建行省平章陳有定遣部將賴政守杉關（據同上）

十一月吳（是年為明太祖元年）吳將胡廷

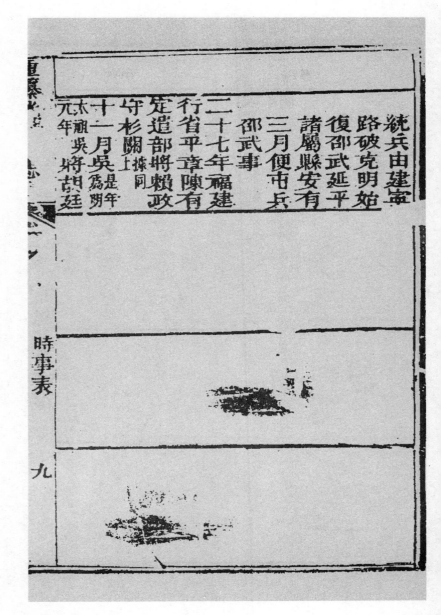

瑞督師入杉關
略光澤下之[illegible]
上
十二月廷瑞降
邵武守將李宗
晟取邵武路改
爲府據同上參明史太祖
本紀
按府志災祥
載二十七年
明太祖遣湯
和田杉關定

閩中考明史湯和傳和由海道取福州與廷瑞由杉關截然兩路由陳有定扼守延平須兩路進兵方搤其吭是當時廟算也府志但聞湯和定閩中不知爲

海道一節故有此誤

明太祖吳元年征南將軍胡廷瑞既下光澤以便宜用南昌衞鎮撫洪忠鎮之

洪武元年鎮撫洪忠建縣署據故失名建縣記明合鍾華重修公署記

三年知縣劉克

洪武十七年大饑據府志

治庚午補板

明重建學據段志學
校
是年奉詔旨建
養濟院處孤貧
廢疾據段志建置
大寨寺巡檢胡
永忠由止馬市
遷巡檢司於杉
關據同上
六年知縣盧充
閭建際留倉設據志建置

惠帝朝成

十九年知縣林孔孫建東西二城門東曰朝宗西曰宣德據段志建置

二十年知縣姚伯和建預備倉四據府志

永樂十四年七

祖朝	仁宗朝	宣宗朝	英宗正統
		宣德元年主簿沈宗重建譙樓據段志建置	正統十三年九月命都御史張楷討鄧茂七楷遣將劉得新領
月大水圍城八月大疫並據府志			正統九年十一月地震據府志十四年疫據府志
			正統九年饑據府志
			正統十三年沙寇鄧茂七據杉關大略光澤順流下邵武延平

景泰帝

朝江西兵自杉關入而已由浙入、會於邵武據明史張楷傳十四年三月保定伯梁瑤統兵討賊諸將先後斬獲賊首沙寇平據延平府志

景泰六年饑據府志

再攻邵武會劉得新兵至退保陳山寨據延平府志十四年二月茂七中流矢死據同上

朝

英宗天順朝

天順四年置漏澤園據舊志

天順二年四月大水

四年夏秋大疫並據府志

憲宗朝

成化三年知縣屈伸發米一千一百二十八石賑饑民二千二百五十七口據段志較詳

成化二年疫

十年正月地震有聲

是年旱害稼

十一年四月大疫至冬乃止並據

成化三年饑

十一年大饑

十三年饑

十八年饑

十九年饑

二十二年饑並據

成化十一年秦寧賊盧春犯光澤境據段志

五年移學宮東南向據段志學校十一年分巡道童懋策擒盧春戮之據段志盜警是年縣丞楊鵬發預備倉糧七千四百五十四石賑饑民一萬四千九百九十口十三年知縣陳

段志

段志

紀發預備倉糧八千四百五十八石賑饑民一萬六千九百二十口

十八年知縣何昌言發預備倉糧四千二百六十九石賑饑民八千五百七十九口

十九年知縣何

昌言發預備倉糧六千五百四十石賑饑民一萬三千八十一口

二十二年縣丞王諭發預備倉糧一萬八百九十四石賑饑民二萬一千七百口（並據段志饑祥）

孝

宏治元年知縣

宏治三年饑

宗
朝

劉俊改建石譙樓據段志

是年俊復移際留倉南郭內山上舊在縣南後街改名常豐參據段志建置

三年知縣魏默發粟賑饑參前段志饑祥

十六年知縣邱世喬建丞主簿典史三署於縣

七年饑並據段志

武宗朝

署東（參訂照志建冊）

正德三年知縣余宗鳳詳請發倉恤飢疫家一百七十五戶去倉穀一百五十石。四年知縣王儼發倉賑饑（並據段志）（饑祥）十一年知縣鍾華創修縣志（據段）

正德二年七月大疫十二年春夏旱秋大疫冬有虎患（並據段志）

正德四年饑（據段志）

正德五年九月大帽山賊張番壇等掠建寧遂入光澤（參訂府志）

志十二年華改學南向據段志學校

世宗朝

嘉靖三十九年知縣吳國器建城周六百四十一丈一尺增南北二門四水門據段志建置四十五年遷學西門外龍興觀北向據段志學校

嘉靖三年十月甘露降六年三月甘露降並據段志三十九年有虎患據同上

嘉靖三十九年十二月山賊據西門焚廬舍四十年正月大掠西鄉出杉關據舊志參江西新城志按府志作廣東賊誤四十年賊蔡石

	穆宗朝	神宗朝
		萬秝十二年遷學城內杭川驛（即今址）是年移杭川驛龍興觀學（即舊址）（據舊志學校）
	隆慶四年大水（據殷志）	萬秝五年十二月彗星見 二十一年六月大水由西路入城壞田廬死者無算
		萬秝四十二年儀（據殷志）
峯等據西鄉水口牛田轉掠江西去（據新城志）		萬秝三十二年邵武盟香賊作亂四邑響應尋平（據府志）

二十四年知縣程寰立義倉義學據府志名宦

三十七年知縣羅希尹詳發倉穀賑災據段志祲祥

四十年知縣汪正誼擴建學宮規制粗備據段志學校

四十二年知縣汪正誼詳發常

三十一年二月大雨雹牛鴨多夗麻麥不收

八月十七日地震

三十七年夏大水災民溝道並據段志

四十二年秋大旱八月大風雹據同上

平倉糧五千石賑饑 據段志 [illegible]祥

光宗朝

熹宗朝

天啓二年二月免帶徵錢糧二年 據明史熹宗本紀

懷宗朝

崇禎閔知縣王道昆單車入賊營諭以利害皆解散 據府志名宦

崇禎九年大饑 據段志

崇禎九年無爲教倡亂

十四年七臺山寇掠光澤

十年設武學生員據明史

十四年杉關守將元體中討平邵武七臺山寇

十五年元體中討擒李東球餘黨解散並據府志

十六年裁主簿據舊志

十七年三月明亡

十五年邑賊李東球自號百花英與同里號賽花英者各聚眾數千分掠一邑大震並據舊志

聖清受命福建屬縣尚為殘明守據府志

國朝

順治朝

順治三年征南將軍貝勒李統師入仙霞關定閩別將李成棟徇邵武以八月二十六日至郎日辮髮歸命據舊志

順治五年大疫十四年春虎入城並據段志

順治三年秋大熟六年至九年連歲大饑十二年大饑並據舊志

順治三年春江西賊入杉關光澤守將宵遁賊遂薄城據府志四年二月江西曹大蛟舉兵犯北鄉屯火燒嶺據舊志

前數月殘明知縣謝申之縣學生饒世淳與江西賊戰於馬鞍亭世淳死之據世淳家傳

五年除無征額銀六千八百一十兩七錢一分據藩檔

七年春提督楊名高總兵官王

五年三月江[illegible]巡撫金聲桓總兵王得仁據南昌叛遣其將杜承芳祝失名分兵一由瀘溪入鐵牛關一由新城入杉關遂陷光澤尋趨建寧

六年五月四營賊張自盛四營之一其三營曰洪國玉曹大鎬李安

之綱分道擊四營獲賊首張自盛四營兵潰入建寧（據府志）

八年右布政攝建南道周亮工單騎入賊營諭耿虎降之（據周亮工傳）

十二年知縣邊崗築堤埠衛城（據舊志）

民大掠光澤已率眾出杉關

九月江西叛帥耿虎領眾自建昌犯杉關鼓行而東屯邵武（據周亮工傳）

十六年改杉關稅務歸縣舊係藩委各府首領佐貳據段志獻役

是年裁縣丞

裁杉關驛丞

十七年裁杭川驛丞並據舊志

康熙朝

康熙元年蠲兵荒後無征田九百五十四頃據段志賦役

四年裁教諭據舊

康熙元年六月天霪暴漲沿溪饑居民溺死無算

三年秋旱

九年秋大旱

康熙四十三年

五十五年大有年

五十六年冬大

康熙十二年賊董子亮陰引江西徐仲常周正所潛跡十一都造僞印劄軍器

檔
新作明倫堂據段志學校
五年知縣劉祖向增崇城堞五尺據段志城池
十年新建大成殿據段志學校
十二年知縣柯承新請兵勦賊入賊巢盡俘斬之據府志名宦

十年五月大水
十一月大雨雪
平地深三尺
二十一年七月
七日烈風震電
大雨雹
二十二年六月
大水決田無算
十一都十六都
二十三都二十
四都被災尤劇
三十四年五月

熟
五十八年五十
九年連歲大熟
並據段志

招集亡命剋期
為亂未發就縛
據舊志
十三年四月耿
逆僞前軍都督
易明領兵到縣
屯四十餘日
八月僞總朱統
錩由杉關遁歸
南康據南康府志
十四年耿逆括
糧橫征[illegible]僞劄

十三年山賊李宏龍等十三人詐稱領僞吳命入署知縣柯丞新與把總黃志遠伏兵兩廡捡戮之（據上同）十五年十二月都統厄穆吳胡差義旅總兵饒君采領兵平光澤賊賊首陳許

大水 秋大旱 三十七年正月東城火燬平濟橋（今名利濟橋）四十一年四月有熊自西越城入 四十九年夏有虎患 閏七月大水 五十五年禾一

縣陳宗訂三日嚴刑追比民苦之（據段志縣祥）十五年五月僞將軍李懋珠從江西兵敗遁歸駐光澤（據段志）十六年鄭黨江幾楊一豹作亂縣北鄉焚掠一空歷三年乃已十七年毛栗人

來歸僞藩朱統錡見殺據舊志是月提督許貞追寇耿繼善至杉關據許少保戰功記十六年知縣金鳴鳳勦除山寇據府志名宦十八年除民田賦六百三十五頃五十畝五分據舊志

莖三穗五十六年五月旱六十年自四月不雨至於七月八月八日大雨是歲有收並據段志

楊一鳳結僞弁胡祥家人李標謀陷郡城未發就捕據府志六十年鉛山小警北鄉民多竄徙據段志

十九年巡撫吳興祚招降江幾知縣金鳴鳳降楊一豹上據同

二十一年復設教諭據舊檔

四十一年知縣蘇迴奉文除大當編戶備征不責現里四十三年奉文發穀賑饑據段志饑祥

四十六年知縣馬璵創滾單法盡去差擾陋例據府志名宦

五十七年知縣吳堂創立天知戶無田有糧者官爲代輸據府志名宦

雍正朝

雍正元年建忠義孝悌祠是年幷奉文建

雍正元年至四年連年虎患五年四月大水

雍正五年鹽闕產民食淡據段志九年大饑據謝紹仁

育嬰堂並據段志

二年建烈女祠節孝祠並據段志建置

八年奉文建正音書院據府志

九年知縣謝紹仁請發常平賑饑據段志名宦

十年鹽課改歸水客銷辦據段志賦役

十三年清軍田

傳

乾隆朝

(據同上)乾隆二年知縣李光祚建紫陽書院(據段志學校)四年加鹽課額三百篷(據段志賦役)十一年加帶銷鹽額八百篷(據同上)十七年至十九年知縣蔣廷芳柯欽錦修坍城

乾隆元年七月二十四日奎閣上梁有彩雲形如飛鳳良久始散 八年秋疫 九年春彗星見 十四年四月朔夜半大水冒城五尺壞西北城決田廬淹人無

乾隆八年饑 九年饑 十六年饑(並據段志) 二十四年大有年 二十九年饑 三十四年夏大饑(據府志) 四十九年四月大饑 六十年五月饑

四十九年四月秀民藉饑糾眾鬨縣署縣官不敢出四鄉搶刼日報鄉人挈男婦奔避城中日數十筏且有相攜出境者而鄧九保等起城中搶舖米并搶平糶米石洶洶

一百一丈一尺垛口二百一十一所建四城樓賚老倉後水門門各鐫石東西門仍舊名南曰見龍門北曰杭川門水門曰光化門沿溪護石隄以固城根據段志建置

貧二十四年三月大雨雹夏疫秋城鄉多火災並據段志三十年六月十九日大水東西橋圮決田無算據偶記備考三十四年春夏霪雨無麥禾

並據山居聞見錄

羣縛匯保等送縣鄉紳亦以次就捕踰月民始復業據山居聞見錄

段夢日修縣志據本志

二十五年知縣閻王瑤建杭川書院就兩廊擴以民居建考棚邑有考棚自是始據府志

二十九年發常平倉糧賑饑

三十四年發常平倉糧賑饑並據

三十五年六月十四日雷震奎

三十七年十二月十七日縣署火燬大堂延內宅及六房卷宗多焚

三十八年六月初十日大風三日夜禾半偃大木拔石柱起橋

府志
倉備
亭飛
三十八年重建
四十一年十二
大堂
月五日大雪平
四十二年建洪
地深二尺
光塔
四十八年六月
四十九年饑民
大水壞禾稼自
將爲亂知縣任
四月至六月苦
諠下爲首鄧九
雨
保等於獄亂乃
五十五年元旦
已
大雪平地深二
五十三年以林
尺七日乃霽
爽文亂臺灣知
二月十七夜大

嘉慶朝

縣單去非接運江西湖北軍糈三年而畢五十六年十二月新大成殿五十七年建尊經閣並據山居聞見錄

嘉慶十一年建文昌宮移奎閣於宮右十二年動帑修城十八年六月知

風雹自西數十里大木拔橋亭飛牆屋傾七月十四日大水浸城人多渰死並據偶記備考、

嘉慶二年八月二十四日地震五年元旦大雪三日四月十五日北

嘉慶十年夏大饑據山居聞見錄

嘉慶十九年賊首豐三陳上元倡雙刀會聚衆千餘人肆掠近鄉

縣張文彬履勘城樓火
水災賑恤災民七月大水
二十年春知縣七年七月十五
張文彬請兵平日大水壞田渰
雙刀會獲賊首人無算
豐三陳上元等十一月十六日
五人流遠惡地東門火燬城樓
餘黨解散遊據山居及東橋
聞見錄

十一年二月朔
日夜分雷震大
成殿二門外中
左柱及橫梁有

二十年春雙刀
會匪謀爲亂未
發就捕據山居聞見錄

劈痕

十三年五月大水決北門城堞

十六年秋彗星見

十八年六月三日北鄉大水壞田廬無算所在隄壩並決

十九年正月六日杭川書院火

三月朔日雷震

道

道光二年廣鄉

道光二年除夕

奎閣
二十一年二月
七日大雪水氷
四月大水
二十五年六月
大旱水泉竭人
多暍死
七月十四日大
雨三日復旱二
十五日大風禾
秀不實並據偶記備考

道光六年饑

道光八年六月

光朝

會試資田租二千餘石知縣周琦詳請咨部七年重新學宮規制大備八年六月權知縣事陳鼇帶兵平鹽梟亂王孔明伏誅餘黨軍流有差九年權知縣事金濤設法置書

西橋災五年螽傷稼十之四六年大旱並據偶記備考九年十月縣署火內宅俱燼十五年春夏大疫是年閏六月大旱十六年四月大

十四年五月大饑是年春夏苦雨鹽與米價爭翔民兼食淡十七年大有年並據山居聞見錄

鹽梟王孔明糾眾千餘人闖縣署破門篡取權知縣事陳鼇三里外移時散去據山居聞見錄

院生膏火書院水龍據山居閭見銘
生有膏火自是
始
九年十二月民
競出貲新縣署
兩月而竣時舊
令周琦差回方
接任也
十四年欽加州
權縣事滕子玉
悉力賑饑不足
捐貲買米江西

鉛山會絕糶一
日所買六百石
米適至饑民獲
甦並據山居閒見錄
十七年春知縣
覺羅永安奉文
建城鄉義倉
十八年秋知縣
盛朝輔倡復洪
光塔頂
十九年夏知縣
盛朝輔倡民捐

貲修城視前加
固
八月丁祭初用
樂舞諸禮器並
依
制新造有修復
春秋釋奠儀制
錄頒示城鄉
二十年秋重纂
縣志成

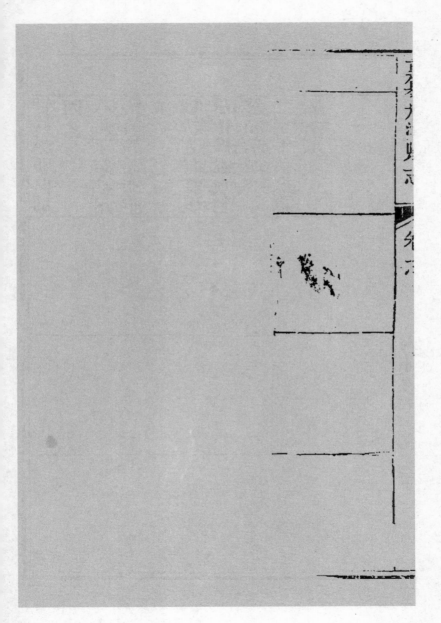

（清）李拔等纂修

【乾隆】福寧府志

清光緒六年（1880）張其曜刻本

郡守劍南李　拔峨峰纂輯

文志

祥異

元鳥白魚祥也豕啼龍鬭異也休咎之來必有自生匪今斯今爰甯郡僻在海邦山川盤鬱人物蕃息氣化乘除盛衰倚伏自晋唐宋明以來歷歷不爽我

國家

聖聖相承盛德感召休徵畢集猗歟休哉至治之極軌也

夫和氣致祥乖氣致異亦所時有然堯有七年之水湯有九年之旱固不足爲聖德累也君子反身而已矣志祥異

宋

大中祥符五年甯德支提山石上產芝十五本

建炎元年夏六月四旬不雨長溪縣令潘中雩禱於資壽寺翌日雨

祥符二年六月建州叛卒葉儂陷福州七月朔寇甯德縣焚縣治長溪令潘中赴援死之

紹興十四年五月大水六月詔賑卹

六年大雨連旬福安東平二溪水漲淹沒一縣寵湖山僅露山頂容數百人忽大蛇突出人皆驚溺浮屍聚積雲寺前僧立流骸塚埋之

乾道元年四月不雨至於六月章澤阮元齡撰懇旱疏文齋禱龍湫立雨三日是夕婁十帝殿懇文皆錄其文焚之間日卒年三十五

五年大火洪使君清臣之屋獨存

淳熙十八年八月巳未雨至九月乙丑大風雨之暴至瀕海舟艫漂沒

紹定四年盜自古田寇甯德

淳祐閒虎入福安城

福安縣大有年先是臨溪洺中紅蓮變白人以爲豐年之兆

德祐元年寇入州境俘掠甚衆

元

至元二年甯德縣治災及民舍百餘家（舊志訛作二十二年）

六年春二月大水

至正四年孝子林大興之池紅蓮悉變爲白

十年五月方國珍剽掠至大小覓嶴宣慰司移檄元帥寇
海率萬户孫昭毅等往捕師潰于水澳賊追至赤岸寇
海被執州民四竄
十二年七月始團義兵社先是福州路以紅巾池細等爲亂侵政和松溪等縣下所部備寇州尹王伯顏募壯士張子元周顯卿袁禮文周德輔等備團練而社兵起
穆洋康二通政和紅巾賊義士陳賓九死之福安縣外塘陳長卑倡衆沿鄉强擁因而行叔穆洋始結社康德甫與蘊鼎一有郤欲圖德甫德甫使其子康二往通紅巾黄善得爲約數道歸欲以授姻家廉村陳賓九賓九不從語具陳傳巾縣簿譚屠輪及鎮守百户施瑞翊並其黨王富五執之康二伏誅

八月紅巾黃善寇福安縣攝縣事趙執中求援于州不報

九月城陷（義兵黃正隆帥兵救縣且行州吏陳過甫阻之縣兵拒于棲雲度賊不獲濟數賊偷至富村奪民舟放流而下以濟其黨遂不支城陷二卒密赴州言狀州以無文書疑爲奸細格殺之賊益熾）紅巾江二巒同其子江鐵驢陷甯德縣民避報恩寺將入寺外大石起舞賊驚潰

十一月後溪林永泰許洋鄭崇凱等寇福安縣千户施瑞翊被殺初九日黃善復屯營縣中攝縣趙執中主簿譚屠輪歹遁（黃善自稱新州道都元帥張榜脅民從逆子是沿江預販深山樵採之徒蜂起爲僞千户僞萬户僞總管而民如在湯火中矣）

十二月大安社兵至福安縣追賊酋陳六七等穆洋龍首橋還縣大肆侵掠

十三日黃善引賊黨二萬寇州州尹王伯顏自將禦之官軍潰于山腰

來賓縣巡檢州人阮宗澤禦賊于南屏死之

十六年賊黨至雷壇執州尹王伯顏不屈死之詳具公傳

十三年正月初一日賊圍福州官軍追襲至湯黃善退屯連江縣發病死江二鱍殮而焚之今福州志昭代典則俱言連江巡檢劉濬子健擒善上帥府磔之猶未得其實故補之

二月十七日賊黨復陷州治州判張元贊死之同知林德
成走七背以圖恢復
五月七背團安甯社
二十五日同知林德成率義士董克明張子文等復州治
誅賊酋江二鑾于迎恩亭德成陞州尹此時已有此亭諸志以爲正統年建誤也
六月十一日殘寇卓仲溪王野僧等復攻陷州治容城一
炬火及東郊
八月袁安交以柘洋里團泰安社

九月大疫

十四年正月初十日三派賊毛德祥等復陷福安史令遁

二月寇陳野翁吳通甫焚剽各村義士林文廣集義師入

破賊于杉洋攝州事抄里赤上其功擢古田縣尹是月

三派賊鄭長脚張四三引衆犯福安越十日侵州二社

會兵敗之

六月州縣大饑死者以澤量

十一月張子文袁安文令都民貢賊悉納二社

十五年正月大疫

二月二社攻掠八都廹令輸賦

訪司副使郭興祖行部至州榜示周卹郡士黃寬上書

極言二社之橫見藝文

是年州縣大饑人相食

十六年福安官塘賊傅貴卿起

十一月二社合兵攻破三派賊犁其穴

十七年正月諸鄉各起團社吞并田土民怨有謠

十八年七月福建行省檄州討傅貴卿八月州同知袁天

祿率水兵六十餘艘先至黃崎龍敗績陸兵深入賊巢

焚其柵寨而還

十九年二月福建行省參政觀音奴討傅貴卿舟師敗于官塘二社赴援復敗泉州路治中袁安文陣亡福安諸社橫甚縣尹張師道棄其官去

二十年十月國公大耳赤以照會陞袁天祿中奉大夫江西行省參政徵其兵皇明通紀昭代典則俱書天祿福建參政州志則書江西今查東莞志何眞傳元末江西福建合爲一省耳

十二月袁天祿赴江西召道經福州福建行以留之授中順大夫今世稱天祿爲左丞者以此

二十一年正月袁天祿納欵金陵明太祖賜書褒之初丁酉歲義兵萬户賽甫丁阿里迷丁據泉州陳友諒入杉關閩地騷動天祿知天命有在遣古田尹林文廣求納欵文廣以其年六月由海道出溫為方國珉所邀至是始達

十月太安社築城是時凡橋道坟墓盡毀掘莫敢誰何民作吟傷之袁君袁君誠兒嬉東山之下築城池掘人塚石壘牆塹占民田上開營基欲謀于此駈漢業井蛙尊大情作癡役民荷鍤任挐穴無骸不露堪歎歔前人盡辭長夜窆天陰露冷凉啾悲山中獨存袁氏臺若堂之封何巍巍以見若坊若夏屋若蓉築城芳飛飛無歸之鬼若托虛游目一見動所思鬼靈相率語其其下主人肅入安便宜眾鬼夜深若啼哭主人慰勉甘其辭維桑與梓焉有舊顛危自合相扶持兒孫祭掃同爾享佳城窆壇同禰歸且叙生平受苦語又窮深夜啼悲為眾鬼致詞恤久違天地循環何所期城池恐為他人得他人又燒牆塹卑發號令民更增築吾家已破

爲無基恐人掘石及君
墓嗟予與君俱無依

二十二年二月太安安甯二社治兵相攻

二十三年二月太安社安甯

十月藤村社卓仲溪生擒官塘賊傅貴卿獻太安社

十一月烹于溪坪

二十四年開王堤田令人四方射矢之所及悉爲社田民
怨有謠

徙貧子營營在六禪巷今稱養濟院叅謀林天成居巷之右迫貧子遷徙否則阱之不能徙者皆自縊不楮月天成全族爲天祿所屠人以爲報云拔按萬歷州志云州縣之厄孰有慘于至正者乎康德甫以匹夫

修隙關出爲寇當王富五首告歸罪康彥可一言定也譚居輪歹施瑞翊貪婪無厭索賄至千餘猶未已是縣官自爲盜也及康壽四通黄善入寇事急矣義兵黄正隆之策不行至于援孤而城陷是州吏自爲盜也康壽四渠魁首亂敢告指安此必有以窺吾之間乃不察援之州同而莞縣使不選之徒進之足以稱孤而退不失爲佐貳能有懲乎是宣慰司又自爲盜也今州邑頻年水旱民呼庚癸而歎汀萊寇虐虩虩而起加之以客食吾土者聚散匪常何啻至正謀國者無俾民憂當迨未陰雨而豫計之等語嗟乎時論如此時事可知矣

明

洪武二年溫州叛賊葉丁香寇州屠戮甚慘官軍討平之

大疫死者相枕藉

虎縱橫村落傷人畜無紀有杜門者虎踰垣壞壁而入嚙

之道絕人行是年境內稱三災
七年火燬廟學及民舍百餘家
十三年福安寇亂延安侯唐勝宗遣將士討平之
十九年大水人民淹沒大半田園邱墟福安十數里年荒
落
永樂十七年三月不雨至于五月首種不入
正統五年六月初一日瑞蓮生于州學泮池
九年侍郎焦宏徙烽火水寨于松山
十三年柴頭正詐稱鄧茂七副將圍州不克而遁

十四年七月鄧茂七黨刼甯德縣藏取累年册籍製甲穆
洋民兵謝絕四討平之

景泰五年七月十四夜颶風害稼

六年正月十四日甯德縣雨害稼是歲饑

天順間大饑斗米銀二錢

巳卯壽甯文廟前產靈芝一根初秀一莖再秀二莖三秀
一叢九莖始微白終絳紅蔟蔟香四溢是秋姜英中式周
序有賦見藝文

成化三年五月甯德六畜生蛇蠱

五年七月十四日福安東平二溪水溢疾風猛雨從之大浸稽天方之洪武十九年水加五尺餘

九月六月十九日大風海潮渰沒舟廬

十三年三月虎入甯德城舉人龔道詩丁酉春三月蕭鋒蠲賦情黃昏人恐立白晝虎樵行已覺雲霄遠空瞻日月明潸然深淚滴井是薄浮生

十六年閏八月白鶴南山鳴

十八年七月十九夜暴雨各鄉山崩

是年饑至二十三年連饑斗米百錢

十九年六月十九日海嘯

二十年以後連荒邑市蚍傷家畜亦傷人

二十二年六月己卯地震九月又震

三月十六日寧德連數日大雨水漲泛濫山坑水如建瓴

鄉都山田推陷甚衆

春旱五月以後大旱

八月大疫是時南禪寺產芝大非常瑞之者謂爲宜相之芝時與隆慶忌劑向石組古溪災

二十二年至二十三年相繼凶荒米價騰貴民取舊頭蕨

根充饑

二十三年寧德旱十至次年田禾不植草木俱枯

宏治元年福安三十都田禾三穗多至四五叢

五年正月二十六日蒼蠅千百羣集林文廸衣冠凡二日

是秋中省第一

十年甯德縣大水羣虎縱橫人畜多傷

七月淫雨十五夜甯德西鄉北陽山蛟出大風雷電山溪

水漲頃刻高二丈許漂沒田廬橋梁人畜無算陳洋坂

生員劉慶方祀祖合家二十餘口俱溺死僅遺小童

十一年六月壽甯不雨知縣蕭合步禱立應

十四年甯德小嶺官漂鄭氏先墳山鳴如雷三時乃止又

產芝一本二座絳色是秋裔孫鄭世貴中式

正德二年九月大疫

福安有星隕聲如奔馬震數十里

寧德七月不雨

正德三年五月至七月不雨

壽寧夏饑升米價三分民掘蕨根以食

七月七日寧德火從鳳池境楊家火星飛過城牆燒數百家

寧德學榕樹上烏數百飛繞不息如是者四日及七夕火

焚樹鳥盡燬

八月大疫

四年正月疫十月二十六日甯德災僅存縣堂按察分司

十月望甯德大霜荔枝龍眼大斃園者俱死自是二菓遂少

十二月福安火僅存縣堂及按察分司

五年秋冬月大疫

甯德地震

十二月十八日大雪雪何足記以郡素煖無雪故也

六年六月初八日甯德雨雹

八年鵲巢甯德明倫堂是秋陳褒陳袞同捷

十一年正月十五夜辰刻州學右夏三家火延燒官民房屋數萬酉刻方熄僅存兩隅火後大患喉痰朝發夕死至六月末旬始已

八月初一午刻壽甯日忽昏晴移時乃明

十二年壽甯火

福安地震者三是年饑

十三年六月雨彌旬水浸福安縣惡風害稼八月潮水湧

入州城海田爲潮所嚙十二年與是歲連饑

十四年正月元旦雨雪三日十六年元旦如之高山深谷彌月不消

十六年壽甯地震有聲

嘉靖元年痘疹大作殤者千人二年亦然

有白虎咆哮傷人旋入福安縣民戴姓格殺之

三年四月不雨至于六月

九月梅花盛開且落 甯德林文遷詩畫角誰家倚小樓落梅風急及深秋數枝離落和風動幾

片橋頭逐水流素質不招宮額妬清姿偏慰

野心愁折來隨手香猶在相伴桃花入酒甌

五年四月旱至九月方雨禾麻菽粟皆死是年五穀之種

福安以祈禱得雨槁苗復生

六年大饑

福安火

三月礦寇周六焚掠九都延平知府陳能勦平之

七年地大震屋瓦皆鳴池水盡湧踰時始止

四月福安雨雹

壽甯龍見雨雹人畜俱傷

八年十一月壽甯十一都地方冬生林檎明年大豐

九年大風害稼是年冬桃甯德林文遷詩十月風清德小春桃花紅放滿枝新倚欄笑對渾如夢策杖行吟亦可人白洞虛明天向曉碧窗掩映日相親莫教落片隨流水惹得漁郎來問津

十年七月大水

十一年冬雷

九月甯德大霜

十二年六月甯德二十二都虎漟林鄭二姓家忽有蛇數千大小不一堂舍廚厠徧地充滿日漸加多蜿蜒蠕動鄉人不傷月餘始絕當時皆不知所從來五六年後鄭氏門首即鄭駙馬祖居也前有高峰中有大樹一日樹

嶺岑崩下有蛇卵形如鴨卵差長遺殼數十斛又二十二都霍童鄭姓門首大松樹大數十圍高二十餘丈被雷劈開自根至末中闊相去五寸宛如鋸解旁枝無一損者

正月福安大雪六月二日金山火

十二年八月十二夜大風折木十三夜颶風大作

十月地震

十三年春稻二月十三日倭寇至福安萬壽亭

六月寧德南山鳴二晝夜乃止

十四年五月饑十月大疫道殣相望
壽甯七月地裂成河
有虎自浙來倚南郊樹死
十月朔福安有星自西北墜
十五年旱
甯德地震
六月兩虎徃來西南門五日不去知縣程世鵬爲文告城
隍神數日遁林文遷兩虎行風生條淡鵲噪枝兩兩馳
逐相追隨牛羊狗彘俱辟易饑腸飽飫肉
成糜蝗蟲稅畝旱仍笑可憐焦土堪湧垂藩籬失守破
還撤晝防夜警相憑危衔童里嫗不省事負隙垂鋳竊

管窺雪毛白額盡醜類無由可借張良椎誰能馮婦善攘臂安得幾之寢其皮擊奸除暴職不任我有一劍光陸離用之不滅斬馬快旁觀袖手無從施往來窺伺甚可畏看女肆暴能幾時吾聞苛政猛于虎獸心人面那得知

十六年三月至六月不雨

六月礦賊掠洋頭致仕教諭李泰督戰陣亡

冬至後一夜大雨雷電蔣濂詩丁酉歲當陽復月陽復一日氣蒸熱忽然夜半電光馳霹靂數聲雷勢烈須臾大雨若傾盆淅瀝終宵良不歇方當保合太和時沍凍嚴寒陰正結貞元翕聚從堅貞發散庶幾無欠缺如何造化失其常遽爾一陽初發洩冬將春令大施行不似去年山有雪今秋癉發尚多災況望明年無禍孽天地之德本好生自是人事欠調燮我今獨抱杞人憂安得同心脩失闕

十七年知州謝廷舉上減本州驛傳夫役疏疏見藝文弘治福州知府將州縣銀三千兩幫貼三山等驛不存其餘故州縣夫役無所出參派及里甲民困甚矣廷舉屢申請按院不遂疏將上適蒙准減追回三年後復府編貼驛加追每石徵銀三錢六分民困益甚

正月不雨至四月九日始雨苗種不入土是月賊掠秦嶼各堡復大疫

七月二十九日海寇流刦古縣渠魁為虎所傷始辟易登舟遁去

十八年詔遣錦衣千户李隆巡按御史李鳳翔開礦于州知州謝廷舉力陳其害報罷謝之言曰有金而以為無者欺也無之而以為有者

亦欺也欺罔乎暫可常繼乎他日必有投爐以歿如葛
佑二女者正統間課額不取之山而徵之田其言果驗

二十年三月至六月不雨縣官文高齋步禱立應

二十一年壽寧火報功祠及民屋百棟又壽寧葉聰三家
火延燒東門城樓及儒學興賢坊

二十二年癸卯壽寧犀溪水漂流大橋廬舍

七月十六日無雨水暴漲頃刻高三丈許破城垣漂田舍
溪口橋圯

八月十六日火

二十三年壽寧羣虎往來九都地方行旅維艱時或踰東

西二澗入城損傷人畜知縣張㙘禱民賴以安

二十四年壽甯火鼓樓及坊表十二民房五百餘家

福安流星如瓜有聲

二十五年知縣黃良材以愚遭戍

是年春甯德有米穀從白鶴峰後飛過四都金字峰不知所止

二十八年八月初旬壽甯颶風大作

三十一年倭百餘掠古縣千户吳清往征陣亡六月抄三沙

三十四年拓西城

十一月倭九十餘由福清海口抵州寇浙

三十五年三月二十三日倭二百寇州城官軍千數不能攖傷死者且三十餘是夜二更地震

倭數百從羅源而來直抵北城下見有備乃燒陳廉使宅而去

十月二十日倭萬餘劄營三沙是冬五六七八都禾黍俱未收

是月倭萬餘攻秦嶼堡里人程伯簡率衆禦之七晝夜不

克倭遁伯簡死城上

十二月倭攻間峽堡不克此見城堡之利詳見林愛民赤岸堡記中

知州鍾一元豈纔往征大戰倭寇陳坡陣亡

分巡建甯道僉事舒春芳督兵戰倭于赤岸橋師潰僅以身免

三十六年福安芹山夜鳴聲震數里

三十七年四月十一日倭復攻秦嶼堡不克

戊午倭數百自古田而下殺死備倭指揮使劉參將

五月賊由漳灣搶船出海

三十八年三月二十六日倭攻州城時大雨城崩植柵捍

衛武平知縣徐甫宰盤查至州禦之倭遁

己未倭攻破福安縣分守道舒春芳堅壁清野城外房屋

宮廟拆卸一空

二月二十八日分巡道顧珦檄署州事武平知縣徐甫宰

令軍兵炬焚元妙觀南禪寺建善寺三寺宏嚴壯麗實爲州城護衛風水之所關鎖前爲倭營不得已而焚遂不可復今且並其地而四分五裂及見者歎之是年爲己未倭數千至知州柴應賓病篤納印於分巡道顧公珦適武平知縣徐甫宰以盤查至州顧公即授印于宰時未設客兵惟本衛軍兵自守城宰下令軍中人守一垛游兵沿城循行一隅有警二隅晝守勿移諭州民有積蓄者送飯以食

守堞者不得擅離違者以軍法治選强有力者養銃待
用夜懸燈于堞城外俾賊莫窺城上事賊酋數人作神
鬼狀舞雙刀薄東城守以祟法宜厭䃜犬血擲之隨發
銃果仆一倭又銃碎其火藥桶並斃其人當倭至將欲
分投于近城之元妙觀南禪寺建善寺圍攻州城守謀
令軍兵焚三處倭乃營于東郊周氏園亭亭有樓適對
東城守諭發大銃破其樓飛火箭焚之斃數賊賊潰亂
而出渠酋金衣督戰于金山有酋游鏡戰地將擣吾之
虛連發數十銃賊皆仆賸夜半賊佯作聲攻東南牢命
備東北軍人謝盤以鼓筒照數十賊舁竹梯于城下將
緣之而登城即以巨石投下多斃者賊棄梯去明日千
倭繼至合衆攻復發金字山箭銃入于城中守堞有
傷者且分半于南牢神色不動用虎尾斡傷數賊賊火
東郊去小沙新賊又二千至營利堤四月倭繩繩至無
虛日復攻東南銃斃三賊朱衣棄輿酋徒步走福安城
閘牢止七晝夜不離始得解嚴先是分守道舒春芳召
鍛銃工及銃手至州鎔鑄訓習厚
賞命中此日感奮敵愾春芳力也

四月初五日倭陷福安縣教諭程箕訓導謝君錫死之知縣李尚德逃出城初巳未怪徵屢見流星如瓜從東南墜西北其聲竟天識者知為天狼旄頭初三日急報至化蛟時新城未完民素未習兵蕪官無備員僉皇嬰城而守倭譎以虛銃竹箭示弱初五早賊萬餘乘高注矢鐵銃雨下死者三千七百餘人穴城一炬初九日始撤圍矣

丁巳叅將黎鵬舉自俞山衝倭舟為兩截沉其一追至三沙火燄山以火攻大破之先是軍門阮鶚因論都司張漢圭于和分巡舒春芳與鵬舉主征阮大怒逮黎妻子下獄校殺家丁四五人乃釋春芳非忠義素著幾不免耳

六月乙亥叅將黎鵬舉被逮云初總制胡宗憲命指揮張四維部乘守閩浙界兵入掠我南鎮慘毒甚于倭鵬舉征之殲七人宗憲銜之舟山之敗留臺御史李瑚論宗憲宗憲疑總兵俞大猷及

梁指授以同鄉故且宿憾耳

七月二十九日倭破桃坑寨八月初一日連攻柘洋堡不克是日倭奴破桃坑寨殺守寨十一人直至柘洋攻城八月初一日賊上仙嶼瞰城中虛實城中架木爲樓爲樊殺賊頗多賊退初四日伐竹爲雲梯舁城下城上以鹿角柴擲下梯不得前因用竹束大石投之賊棄梯走初五日賊四面雲梯交攻城上矢石如雨賊死無算賊酋揮羽扇復合大戰死傷甚衆乃揮扇止攻砍雲梯而退十二日燒各村房舍拔寨去柘人尾其後至梨坪生擒十餘賊于是鄉人始知有城堡之利而沿海五十七堡次第創築云

十一月調晉江縣知縣盧仲佃于福安

是年大旱兩縣申請得減賦權州篆吳元遜留至次年春

方中不獲免

三十九年四月倭復寇福安知縣盧仲佃擒三子乘城守倭宵遁後大疫

五月甯德泮池水赤午紅晚黑凡五十餘日越明年倭陷城

四十年三月倭據雲淡門

十月防守甯德縣參將馮鎮擧所部兵二千回福州時參將馮鎮王夢麟師兵四千守縣北廣福嶺倭住城中九日遁夢麟入城既爲馮鎮擧所部兵二千回福州客兵怨無厚犒且火藥不足用越城逃者過半

二十日倭百船以三大東攻甯德戰三日壯士林應桂同

孫文璘文達死之

十二日甯德城陷知縣李堯卿死之訓導孫商值罵賊不

屈死

十二月倭復入縣焚餘屋權照磨屠大貞被執

四十一年倭寇西門知縣黎永清令善砲者林八擊之中

數賊亟遁去後總兵戚繼光盡滅之

三月倭以十人船回日本

新倭巢五都横嶼

八月初一日浙江參將戚繼光帥婺士八千至州初六日渡金垵初七日入甯德初八日早抵章灣師行淖鹵中把總王如龍朱璣秦經國奮勇先登殲倭衆千餘于橫嶼詳見甯德戚少保生祠記

十一月倭陷壽甯

四十二年五月倭寇流江沙埕初三日烽火寨把總朱璣率舟師破之獲首虜五十餘

二十四日把總王如龍追倭于小石嶺大破之春間倭數千從州流江陷壽甯政和復屯東洋從章灣返甯德孝居盡燼聞戚參將由連江至欲奔壽政二路是日如龍尾其後羊

腸酷日戚繼光跣足身先士卒至小石嶺如龍縱火焚
賊盡殲之繼光手書慰如龍曰攀躋六十里自朝枵腹
風馳萬丈嶺全捷而還此天下奇男子事
業也總兵當退舍待兄若負爾天鑒之

八月南賊十餘船乘夜刼松山擄男婦百餘人舟泊海中
俟其家責贖而後去

十月二十七日把總葉大正勦倭賊于臺嶼

十一月初三日倭破棠村堡

是月叅將黎鵬舉所部兵出哨流江假倭登岍焚刼村落

十二月倭居壽甯後倭為松溪人所滅

四十三年四月二十一日叅將李超破倭千餘于水澳追

至西路殺戮殆盡
隆慶元年七月甯德大風拔木摧屋二都蘇家一石臼刮
去丈餘
甯德二十二都鄭洋林家有三人共臥樓上其一壯者臥
床裏虎由梯上特將床裏者啣出至樓衆發噉不得虎
從窗中徐徐而去
五年壽甯大水
六年福安大雪
閏二月晦守備張奇峰移西郊關帝像于教場之西廟既

拆將移聖像像首自搖動傾城往觀傳爲異事

萬歷元年六月三十日南賊屠塘頭堡

是年七月□□日午由井水沸溢于街至暮乃止

二十日南賊航海至松山官兵敗績把總劉國賓死之州學訓導劉幹致仕先數日海防館沿海弔魚船載兵把截每船索賄六七金始去幹面詰于官房感慨時事致仕去

癸酉甯德有阮五者曾充皂隸性兇悍後改爲漁人二月初旬撐綱船至東門外三叉港被雷震死軀殼雖完骨皆粉碎一身衣裳寸縷無存

有虎數隻從古田至寧德西鄉二三四五都白晝橫行村落人被傷者四五十豬狗無算行路必數十人持械乃敢行入山樵採亦必結衆鳴鑼鼓噪乃往自春徂秋其患始息

太守義峯李拔曰予聞之盧生嘉靖末倭犯南浙當閩事者欲宿兵於海備上游發事汪珀格其議後倭果由福寧陷郡邑始議乞師于浙幸而州圍完固堅援得適不然其有閩乎自是始置戍于福寧復置游營於寧險矣我

朝定鼎四裔賓服不忘武備烽火桐山連羅諸營星羅碁布悉受制于總鎮刁斗森嚴民安帷席無虞塞草竊之虞生斯世者亦何幸歟

是年福賊夜刼桑洋鄉民殪數賊

五年十月朔福安彗星見

六年五月初八日柘洋大雪

六月衛官激軍俞子奇鼓噪城門連閉二日

八年壬午四月甯德穀飛集白鶴殿

九年正月大蝗官民田畝

七月初九夜大水流福安縣白浪高于敵臺枕尸狼藉城

壞僅存東北二隅

十年甯賊復刼穆洋鄉甲擒之殆盡

三月二十日甯德縣穀飛琵琶有聲穀飛皆聚如獸羣白

午至中不可勝計

十二年九月甯德火自鳳池境楊家起延燒民房三分之一

十六年州縣旱自此連歲相繼

賊夜刼蓉洋村緝捕獲之

十七年七月十四日辰刻福甯州地震巳刻蓮池上境童宅火延燒州治救火兵誤認火藥庫爲銀庫去瓦而火箭四注燬學宮及民舍數千州城爲之半空

十八年七月虎由西北城缺夜入曉出經旬不傷人自遁

去

二十一年九月霜旱福安錦屏火

二十二年大旱

二十八年二月初七夜雨雹是年秋冬痘疹災

二十九年五月倭船三隻突至嵛山殺死哨官王□□船進泊于松山三日城中戒嚴是夜偵報者疊至時訛言倭自松山登岓州民洶洶震驚次日浙人毛國科偕倭奴來獨言賫日本國王檄求貢市州牧撫毛國科倭奴于松山竟颺去

三十年閏二月二十日大金筆架山前突現一山自巳至未形體變幻不一觀者圖之舊志載嘉靖四年四月內亦然山內有臺榭人物往來交易之狀蓋海市蜃樓此其再見也

七月十五日福安大風

十一月二十五夜火

三十一年三月福安地大震次年復大震

十月州學造凌雲塔于馬鞍山山乃州治之巽方也

三十二年州判官涂伯鳴擅改州志諸生聞于巡道檄州

改正志信史也伯鳴既剏州之利而又欲敷州之名故書之

福安夏荒

六月二十八日雷震城隍像

十一月初九夜地大震如雷山谷響應壽甯地震是年饑

三十四年大旱

三十五年州縣大饑轉糴外郡始濟知州胡爾慥力也

十一月初三福安賓賢火

三十七年八月三十城大水城不浸者三版田土變爲陵谷村落山崩壓死者無數人謂自有州治以來此創見

大災也

三十八年八月復大水風雨交作譙樓吹倒經火後草創者非舊譙樓

三十九年十一月初六日州東門妄言淩雲塔不利于東衛弁鼓衆徑自拆毀僅存兩層見者傷之

四十一年六月福寧州不雨至九月重陽始雨州洋田絕收山田僅收三分之一

四十二年州被旱荒斗米百錢十一月初四日夜乘驅境火延燒四境大姓舊家俱燬萬曆三十九年東門以十一月初六日火四十一年一金波東境胡宅以十一月初七日火燒死本宅男女五人四十二年西門以十一月初五日火皆同此月不知

何故
拔按舊志云火患之于甯甚矣閩形家言木星飛入南方火然之兆也法當有以制之是以浚城濠浚月池以通水道至爲急務自南禪變爲兵營河水淤塞火患愈熾理或然歟然拔自茲任以後浚城濠通水門者累矣而庚辰三月居民之火猶所不免是蓋有天焉但當脩政事以聽之而已

崇禎八年壽甯竹生米形如小麥

九年遍山竹皆生米州大旱民饑競採竹實以食

十三年七月福安大水漂溺廬舍人畜無算

十七年甯德山賊海寇出没不時有大東何富等賊流刼村落剽剠無遺是年甯德支提山方午天鐘振響六聲

國朝

順治四年八月甯德海寇鄭宋率兵圍城五年正月知縣
錢楷捧假印出降自以眞印遁往省海寇入城稱監國
魯僞將軍撫院等官縱兵刼掠十月十二日福安進士
劉中藻率兵稱隆武年號來州圍城七閱月城中米價
每石十兩餓死者無數後中藻于龍首山截松木穿爲
砲實以火藥亂拋城內至次年四月初六城陷時州尹
宋不服被殺中藻收取庫內錢糧並逼富戶助餉旋攻
福安銃斃知縣郭芝秀遂陷其城

後陳撫領兵圍之中藻計窮自縊死子思沛聞之亦死

按按舊志稱中藻字鶴叔崇禎庚辰進士官行人李賊陷京師逃歸與唐王魯王聚兵攻福甯陷福安
王師至藻衣冠危坐吞金不死自經同時舉人繆士珦達邦琪方緒新貢生郭邦雍陳瀚迅及男庠生思沛死之著有洞山文集列于忠義今觀中藻于順治四年起兵不知天命有歸抗拒
王師殺戮縣令蹂躪桑梓是亂賊也謂爲忠義可乎特爲削之以著公論焉

光緒六年郡守張其曜重刊府志允紳士之請仍列于忠義詳見卷首及人物志忠節

壽甯山寇蟻集縣分司邑中俱爲灰燼是歲饑

六年都督張承恩統兵恢復甯德

七年夏大旱

十年瘟疫遭寇大亂
十三年冬海寇刼掠利埕各村後自遁去
海寇張明振等竊發城閉一月十六年吳總兵牒省請兵
防寇正月十八日兵至占踞民屋坐索供膳擾害難堪
至六月二十三日始回省民屋遂相沿爲兵屋時有田
家每石苗米除正供外派馬料穀三石鐘料穀七十觔
州預備穀六十觔稻草千觔秤皆加倍又勒借餉銀上
戶百兩中戶數十兩不等每冬吏官糴料穀加給銀壹
兩者約費穀六十餘石雖富戶能不窮且盡乎厥後張

明振屢肆刼掠鄭成功奔踞臺灣蕩掠出沒勒令沿海居民出貲豢養至十八年督撫蘇倘暨本部院疏請遷移以絕接濟之根州治路旁一帶編籬爲界濵海民人悉遷界內越界數步即行梟首田廬荒廢魚鹽失利百姓流離轉徙不可言至康熙二十二年總督姚啓聖巡撫吳興祚將軍施琅平定臺灣鄭克塽歸順海氛始靖下詔開界民歸故土至今沿海居民戴德各繪姚吳等公遺像奉祀不忘

丙戌年夏大旱

十四年壽甯北溪錦山鳴聲如洪鐘是秋葉有挺中式及
康熙庚戌復鳴葉有挺登進士
十五年壽甯山寇王捞天等剽掠四五都
國初海寇頻年告警沿村索餉民遭荼毒苦不聊生雖奥
圖一統年年議剿議撫至十六年寇犯京師鎮江瓜州
等府俱陷蘇納海上疏命沿海百姓遷入內地房屋城
池焚毀則賊無所泊寸板不許下水則接濟無自疏入
准奏康熙元年奉
旨江南浙江福建廣東廣西五省近海州縣遷入內地十

月兵起宮廟民房焚毀一空男婦老幼提攜號哭東南北路盡絕人烟州地以大路爲界南路以州前嶺爲界松山後港赤岸石垻近城亦在界外道旁木栅牛馬不許出入每處懸一牌曰敢出界者斬界外田畝盡爲荒坵時福甯道周□構屋于南門外西門教場壕灣每家分住二間凡有山場可開墾者給照爲業寺田資其油燈暫給遷民耕種總兵同郡守賑濟或煮粥于教場或分粟于州弇流離萬狀康熙二十年總督姚啓聖設計蕩平而臺灣海寇千餘艘盡投誠中外一家因上疏爲

民請命開界招集流民得復故土皆姚啓聖力也

康熙元年壽寧海寇二千餘忽至二都防守李某戰死

三年九月壽寧大風

四年夏州南郊火

壽寧饑

乙巳五月福撫許 題請福甯州開界內港許民採捕

五年正月初二日福安大雪五尺

六年八月十六日州城大水

壽甯附城村落多虎道路鮮行人防守招兵搏之一日殺

三虎害稍除

九年孟冬壽甯三圖地方梨花盛開結子越明年大稔每石米價只一錢

十月海氛阮春雷侵縣夜静有數賊潛上小西門城樓殺守更兵代鳴鑼把總徐登聞鑼聲異常率兵往至鹿斗街遇賊接戰殺賊守備蓋世勛集衆兵接應賊在城外者先遁去大索城内凡居民厨厠店满俱有賊盡執而殺之

十二年六月壽甯大塾村馬坪嵩頂白日雷震電光四射

震死牛二十五頭明年耿變

十三年耿逆作亂寧德爲賊黨曾養性等所據乙卯賊縱掠一空七都三遭刼掠被禍尤烈未幾 康親王入閩平之

三月閩省耿變壽寧防兵乘機索餉閉城擄掠民不堪命

十四年八月福安大水舟入城

十五年壽寧地震

十七年九月福安縣陳希卿妻一產四男牙齒俱全踰時死

十九年壽甯旱

二十年正月壽甯雨豆有黄紅二色黄大紅小是年大有

秋

甯德縣有數自白鶴嶺後飛入西鄉颯颯有聲後有斗秤隨之秤錘斗槩俱備

二十一年院洋村有白鷴數十飛入人家食米穀月餘一村俱火

二十二年壽甯西宅村民因火後結茅以居有蟋蟀蜂蹋入寢螫咬人如蚉蝨

二十三年壽寗各村猛虎成羣日傷一二三人路無行蹤次

年春知縣趙廷璣涖任虎遁去

二十四年春旱苗種不入知縣趙廷璣甫下車步禱三日

甘霖立沛是年大稔

三月壽寗雨雹大如卵路高三尺先有漁者夜宿涯谷見

一物身有光燄逐之如蛇長四丈向天飛騰雹遂作

二十五年寗德洪水漲溢東南城外民居悉漂入海

三十二年癸酉十月間晚龍山鳴越明年州人吳廷琪登

進士

二十八年八月十七日福安洪水暴漲浸沒縣城東西南

三處廬舍漂沒男婦死者無數四十五年米價每石銀

二兩二錢

三十九年庚辰南宫火

四十八年冬甯德地大震金鐵皆鳴缸水自潑

四十九年又七月初五夜甯德火從東門起延燒西門五

顯廟前焚民居五百餘間縣頭門譙樓守備衙俱灰燼

五十九年七月福安大水入城東南隅

六十一年二月福安地大震北社五帝廟火

雍正二年南門政平境火

三年十一月十六夜甯德支提山霜月交輝天風俱寂鐘
鼓鳴于空中其音皇皇不可思議

四年六月晡後西北驟起墨雲雹下如彈

七月福安大水穆洋廉村更甚山崩壓屋傷人

八月甯德大風雨溪流暴漲東西二橋漂去民田百餘頃

是歲饑

五年甯德虎入南門

七年正月二十八日甯德雨雪連三日平地深尺餘

甯德九都有蛇大如桶盤踞山隈獵戶以炮擊斃聲震巖

谷山下竹木盡折

六月十九日甯德支提山空中現三燈九月十五十六十

七三夜復見九燈升于天現于林衆皆見之

八月十五夜風雨大作

八年三月初八日火藥局灾

九年西門東隅境火

五月初四日昏雷震南宮

十年六月蟲災旱稻實者皆萎是歲饑

十一年七月福安甯德颶風大作吹折縣堂及民房百餘
間
十三年六月甯德雨雹如彈不盡假是歲歉瘟疫大作
七月初一夜大雨甯德典史署雷震其二柱
十一月福安南門火延燒學前
乾隆二年八月十五夜鹽潮大作魚蝦遊于泰嶼道上甯
德大風雨海水溢是歲歉
十一月甯德大霖
五年三月福鼎置縣試士時天陰雨三炮雷鳴徹雨忽霽

六年五月初一日早日不當蝕昏黑如晦移時乃復
七年七月甯德大水
八年甯德水旱饑
九年十月初十日夜府前東井火燒鼓樓並龍波東西政平上下萬安五境越日乃熄先是七月彗星見李總兵易砌嶺頭亭形家言南方失制已而果然三月痘疹流行越歲乃止
十年四月初六夜壽甯狀元坊火自子來橋至攀桂燒民屋百間

甯德大霜荔枯幾盡

十三年正月十三夜月食

十一月六都西波泥臭魚蝦盡死

十四年十二月初六甯德大雷

十五年七月甯德暴風雨溪泛人多溺死

八月初九夜大風雨擢折東門城樓

八月初九日福安大水至前街

十四年壽甯暴雨子來橋圯縣界東南二溪沒大橋十餘

座番灘沿河漂沒無數

十五年霞浦風雨大作水高離埰三尺壞東西郊店屋溺死數人棺柩漂流無數是歲饑

十六年饑柘洋竹蘆米袁起龍有詞慈民粒食天所與地與人間補積貯不羨粟田禾稜豐山中竹樹飢堪煮舊年七夕月初旬淋漓滂沱阻行旅兼旬不見天日光行潦泥濘農人嗟八月八日又大風階前水深盈如許從此一連九十日禾實倒垂萌芽孳丁壯披蓑收餘粒父老田中拄杖語今年大半被收成常恐明年絕舂粁誰知今年五月間叢竹纍纍結如黍既堪適口充飢腸更宜代秫釀作醑大者提囊小攜籃貧婦登山亦盈筐中戶拾作三月糧大戶人家積無數古傳竹實鳳凰食今歲竟爾恣民取遠近傳聞爲異事攜錢爭求叩門戶豈惟後生罕所聞百歲老翁猶未睹乃知閩下[illegible]蔡受遺救饑民時作苦我因記作短歌行爲備後人傳爲古

七月八日大風雨山崩水湧漂壓居民無算袁起龍有詞去年七夕夜將半油雲冥冥雨漫漫連旬不見天日光場中禾稻浸欲爛八月八日又遭風十株長松九折斷誰知今年七月中淒淒烈烈勢更悍初聞淅瀝金鐵鳴再聞蹀躞萬馬竄一陣滂沱滿四郊平地茫茫無崖岸老穉驚惶不敢眠舉家相守連三旦瓦棟碎作蝴蝶飛濕薪沉竈絕炊煙須臾霹靂吼一聲風靜雨歇雲漸散逐隊徐行四郊中城牆一半堆溪畔回頭訊問遠近村傳說居民死無算近山處子葬山腰住溪人家沒江漢肝腦塗地不知名枕尸相藉如魚貫慘殺斯民遭淪胥意外憂虞誰先見迅雷疾風夜衣冠古聖所以畏天變

五月十六日午壽寧星墜田水沸有聲如砲不大三寸高六寸色黑

七月福安仙嶺山鳴十二日起颶風大雨連日十四夜東

西二溪暴漲數丈時無雷有雹漂沒廬舍男婦死無數

黄蘭犬食人屍復欲噬人

十七年饑二月匪民陳士樂牽衆刼借富家粟縣不能制

觀察白瀛鞫之梟其首惡論罪有差

二月十七日戌時地震

閏七月二十九日颶風大作

十七年七月七都麻壠雷震死牛三十六頭牛大瘟

十八年三洋佑洋等處羣虎入人室內噬傷者多至二十

一年患始息

十九年四月二十七雷震北官東社

二十一年壽甯竹實賑饑

二十二年五月甯德南山鳴移時乃止霞浦福安甯德疫

疫大作

冬福安東西溪地方虎齧傷人至二十四年夏有母子二

人採茶虎噬其母女呼衆搏虎斃之

十二月初六日甯德雷震

二十三年十二月初八日知縣胡世鈺建先農壇于東郊

外播地忽有烟起一線高六七尺漸大如蓋經時不散

衆訝之掘深三尺得宋元死難忠節潘王二公合祠碑郡守李拔聞之以為英靈所結令設主祀之碑移豎丁節孝祠左壙廟下李拔有合祀忠孝祠記

二十四年夏寧德雷震死三人六月震死六人

寧郡洋田苦旱山田苦雨每難兼收乾隆二十四年郡守李拔來蒞任脩水利勸課民皆力農初秋苦雨將害稼李公作文詰城隍神禱之隨即晴霽歲大稔斗米不值百錢士民謳歌有誰遣李公西蜀來陰靈隨指劃然開又有斗米十錢初見公宜稼風雨千郊同之句

夏六月郡署宅前產五色靈芝三枝九莖郡守李拔作天
産靈芝頌見藝文
二十五年庚辰三月二十八日火民居百餘先是郡署譙
樓下即大門前有申明旌善二亭倚樓臨街與閭閻相
接數被火災時火已薄亭郡守李拔率兵民馳救令覆
亭以全樓經繫而復燃者三衆皆束手無策李公叩頭
默禱風反火滅樓得無恙乃移二亭于大門外築八字
牆以隔火患李公有詩見藝文
寧郡俗多磚棺年久火化又山深林密每有虎患李公拔

至郡悉除傲俗教民營葬虎患亦息諸生游晟詩有造
德澤及真遺愛巨猛能驅解倒懸之句

福甯府志卷四十三終

福州吳玉田鐫

（清）盧建其修　（清）張君賓、胡家琪纂

【乾隆】寧德縣志

清乾隆四十六年（1781）刻本

祥異

宋

大中祥符五年支提山上產紫芝十五本

建炎二年七月葉儂自福州來寇焚燬城郭及官署民居長溪令潘中統兵赴救拒戰死之府志誤作祥符年

紹興十四年五月淫雨水漲漂流官民廬舍人畜多溺者六月詔賑卹

乾道元年四月至六月不雨田禾皆槁漳灣士人阮元齡撰懇旱魃文齋禱龍湫大雨三日是夕夢黃衣使

皆汞曰上帝命取戇魖文君請促裝元齡覺悟乃起齋沐錄其文焚之明日遂卒年三十五其文曰吁咄哉酷魖肆虐多歷時所恒暘刻熇炖燥灼煦暨堪輿大於一高祖（鼎俎也猶洪爐之喻）窮極萬有羅致冞弆（冞深也弆藏也）百億魃魘悉持巨炬燹㷂（古文字舊志作笅字）爍毛鹵盧皴跛（鹵盧黑也二字舊志上誤加竹皴跛皮裂也謂色焦黑而皮裂也舊註誤）風伯睡惡（睡惡行無廉隅也舊志誤此下言風助其𤈦）勴厥貪汚（勴音慮助也導也舊志誤作勸）動塸堀堁（塸音歐聚沙也堀音倔舊志誤作堀堁音課宋玉風賦堀堁揚塵）出入胥舁（舁音舉舁古字舊志誤作昇謂風出入舁早舉而行也）熇雲疾雷震赫時暑九泉焦

而揚塵蘋若潦而成茹茹音汝乾菜也又左思三都賦神藥形茹茹物自死曰茹舊志作旅誤流泉石之淵淵流流誤之意窘蛟龍而就胺胺音汝魚敗也粢盛棄於蒿艾糠粃彌於稷黍民菻而顱菻音懶悲愁貌顱顛也謂八悲愁而顛傾也物發而脯發與隕通落也謂物殘落而乾燥也倒縣不足以喻其急喑桼不足以擬其苦酒封羊酒盃醑盃音雅實字活用猶云盛也乃鳴鼕乃戰鼓戰音顫擊也乃登崇邱而臨吉士巫咸抑揚歌閒降汝汝魅百億于時處處濟濟衣冠盤辟俯傴傴舊志誤作遲亦有奇章謂祭魃之文彰我肺腑汝醉而歌汝樂而語巫咸受辭謂受旱魃之辭下六字百美但舉皆以旱魃

曰為我語我語諸甫猶云諸人無病斯旱無徒斯楚猶苦也吾將倒天潢而下流吾將擊滄溟而下䨓䨓音羽雨貌舊志誤作霄吾將瀉積石之源吾將決常山之渚遲吾須臾百美俱舉人皆汝然歡聲嘖嘖閱日涉旬俯伏以佇石燕不飛商羊不舞縱一瓢會喻微雨不入意佇佇安也言無以安人意也舊志誤作佇咄哉酷魃倏吾之舉嗟魃汝來無念爾祖在昔帝乙孔仁宣王孔武戒六事而嘉應未符史記湯憂旱以六事自責舊志誤作五事卒舊志誤作率圭璧而寧莫我許春秋二百四十二年屢書不雨歷漢涉唐其間循良之

吏聰明之主憂民重穀小心謭謭乃祖僩然僩音閒義同

悍如蝪蚑蝪蚑蟷螂別名名聲不祥談者孰數少而乳汝小

子齒緒遭逢聖明宜規宜矩如何不悛尤深鉏鋙同齟

齬不相當也討汝之辜當膏鈇斧我骨不凡行跨飛霧而

之帝閽再拜覼縷猶云細訴縷舊志誤作褸帝哀下民寧不震怒

諒勅六丁擒汝驍鼠汝於斯時雖悔何補言未及既

有一旱豎犴然而來剖析今古曰子儒者也言胡妄

吐洪範之書如日之昨昨舊志誤作怍恒暘之罰由僭之取

方今上自朝廷下至郡府細及黔民遠逮戎虜或東

威福或司衡斞斞音庾量也二釜有半曰斞舊志誤作斛倡優之飾揄狄

楚楚禮夫人揄狄舊志誤作揄獄凡庶之居僭於禁御乖天之和

以來斯阻於我何辜而蒙我啞蒙誣也啞不能言也淫巫不信

又何足與肯彼之言肯首肯也疑我騰怚怚音阻驕也予殆未

明耶主人未及應雲霧滃然而去

淳熙十年八月己未淫雨至九月己丑大風雨水暴至

瀕海廬舍多被漂沒死者甚衆

紹定四年十月羣盜自古田來寇

元

至元二十一年縣治火延民居二百餘家府志

至正十二年八月紅巾賊江二蠻率其子江鐵驢等來寇城陷民避報恩寺賊至寺外六石起舞賊驚潰縣舊志府志

明

洪武七年廟學災延民舍百餘家

永樂十七年三月至五月不雨無禾

正統十四年七月沙寇鄧茂七肆掠賊黨蜂起殺戮無算官民逃竄取縣藏冊籍製紙甲穆洋民兵樹絕四

討平之纂縣志 府志

景泰五年七月十四夜颶風拔木害禾稼海舡多覆溺

六年五月十四日驟雨水暴至害稼是歲饑

成化三年五月民間六畜生蚘蟲

十三年三月虎入城

十六年閏八月白鶴南山有聲隱隱如雷

十八年七月十九夜暴雨各鄉山崩屋壞壓斃人畜甚衆水漲十餘日田禾盡死是年饑至二十三年連饑民取蕉頭蕨根以食

十九年六月十九日海漲鄉都塘田俱陷後雖復修築
田塗潟鹵數年不收
二十二年三月十六日霪雨山坑水漲潟如建瓴山田
盡陷○六月己卯地震○九月又震○八月以後大
疫
二十三年二十四年連旱田禾不植草木俱枯
宏治二年十一月海賊劫掠七都尚書林聰家藏賜寶
皆亡
五年三月群虎縱橫鄉村多傷人畜

十年七月淫雨至十五夜西鄉北洋山蛟起大風雷雨山溪泛漲水高二丈許漂壞田廬橋梁人畜死者無算陳洋坂生員劉慶合家二十餘口皆溺惟一小童在別鄉未同獲免

正德三年五月旱至七月不雨田禾皆槁〇七月七夕鳳池境官井垅楊家火延燒廟學縣治餘焰飛越城外延燒民居計城內外燬者六百餘家先是儒學榕樹上巢鳥數百飛繞樹旁如是者四日至是夕火焚樹鳥巢盡燬〇八月大疫至次年正月始寧

四年八月二十夜颶風大作十月望日大霜連日三都六七都荔枝龍眼樹大數圍者皆凍死自是二菓遂少

五年地震聲如激雷匝月如是者三十二月十八日大雪連日平地深尺餘經半月未消在南方未嘗見此

六年六月初八夜雨雹大如卵屋瓦皆碎

八年有鵲巢於明倫堂梁間甚馴是秋陳聶陳褒兄弟同舉鄉薦

十一年九月八日大霜殺禾稻西鄉絕收餘都得半

十二年六月虎瀆林鄭二一家忽有蛇數千大小不一徧于堂室日漸加多蛇虺蠕動狎人不傷月餘始絕當時皆不知所從來後鄭氏門前（即鄭駙馬祖居）高岑中大樹忽隕空崩下有蛇卵穀石餘　八月十二夜颶風大作拔木發屋　十月地震有聲

十三年六月南山鳴二晝夜乃止

十五年地震　六月兩虎往來西南門五日不去知縣程世鵬爲文告城隍神數日遁

十六年冬至後一夜大雨雷電

二十一年壬寅六月風大木盡折

二十二年癸卯五月地震有聲

二十五年丙午春有穀從白鶴峯後飛過四都金字峯

不知所止

三十五年丙辰倭賊數百從羅源來直抵北城下見有

備乃燒陳廉使房屋去

三十七年戊午倭賊數百自古田下備倭指揮使劉炌

叅將王月被害賊由漳濟劫商民船出海府志誤

三十八年己未倭賊攻破福安縣分守道舒春芳堅壁

淸野將邑城外大小房屋宮廟折卸一空府志誤作福安事

三十九年五月間儒學泮池水赤早淺紅至午大紅如血及晚轉黑如是者五十餘日人以碗盛之於家其色亦一日三變次年乃有陷城之厄

四十年辛酉二月倭賊千餘自長崎來雲淡門擄掠鼇盡　八月倭自雲淡門來攻縣城東門知縣李堯卿総將王夢麒堅壁不戰賊還雲淡門日造攻城器具先是夢麒帥兵四千防禦廣福嶺既而退避入城賊由是無所顧忌堯卿藐視倭賊竟不申請救援十月

防守寧德參將馮鎮撤所部兵二千回福州二十日倭賊自外洋用駕小船百餘入縣港以三雲車攻南城炮如雨壯士林應桂孫文璘文達拒戰死之百戶汪貞白麟并部兵俱逃去民兵獨禦三晝夜被傷者多城中銃藥發火自燒二十二日城陷知縣李尋鄉參將王夢麒訓導孫商偉俱死之男婦被殺及赴水死者無算賊屯於城九日乃去官舍民居及庫藏案卷舊家法物載籍悉為灰燼縣舊志府志十二月倭賊復來縣焚燒餘屋署印照磨屠大貞被執院過以五

百金贖之并其同信邑人多以金贖子女是年大疫

四十一年壬戌二月倭賊駕大樓船數十還日本擄去男女數千人新倭繼至巢於五都橫與深山窮谷擄掠殆盡立買港之法人以金贖免斬屋以金贖免燒闔邑無不罹凶害者　八月浙江參將戚繼光師發士八千至州初六日渡金垂初七日到縣初八日早抵漳灣師行漳鹵中把總王如龍朱璣秦經國奮勇先登殲倭衆千餘於橫與釋虜俘男婦五百餘人〔詳戚少保生祠記〕

四十二年癸亥春倭賊千餘從流江陷壽寧政和復屯於縣之東洋聞戚公自連江將至移屯龜山寺欲復奔壽寧途經小石嶺爲宵遁計把總王如龍以霍童人爲鄉導尾其後盡殲之時莒州東洋人乘亂爲僞倭刼掠焚殺尤慘是年五月知縣林時芳蒞任按法誅之賊首陳老十自困林合單騎至其地開誠招諭老十感化分守道扁其鄉爲從善里計自丙辰迄癸亥城郭鄉邨爲荒墟者將十年古今一大變也

隆慶元年丁卯七月大風拔木屋瓦盡飛二一都蘇家有

石臼爲風刮離丈餘

六年二十二都鄭洋林家樓上三人共卧其一充鄉勇者卧床內虎梯而上獨啣之去家人驚呼虎乃棄屍踰樓而出

萬曆元年春虎從古田至西鄉二十三二十四二十五各都白晝橫行傷人畜無算自春徂秋其患始息○二月初旬東門外三叉港漁人阮五被雷擊身無寸縷軀殼雖完而骨皆粉碎其人蓋爲縣中皁隸云

八年壬午四月鷇飛集白鶴巖分巡王乾章親見之詳

其事於院司

十年三月二十日蝗飛聚如獸群自午至申瑟瑟有聲

不可勝計舊時志縣志缺

十二年九月鳳池境官井兜楊家火延燒民房三十去括

一

二十五年虎患至三十年始息

三十四年丙午四月民間豕生象半日而死

四十八年多虎

崇禎十七年支提寺鐘無故自鳴者六是年山賊海寇

出沒不時有大東何富等賊剽掠郡落無遺

國朝

順治四年八月海寇鄭寀率兵圍城

五年正月知縣錢楷逋往省海寇入城縱兵刼掠是年

及次年並饑

六年都督張承恩統兵恢復縣城

康熙十三年耿逆變邑爲賊黨曾養性等所據縱掠一

空七都三灣刼掠被禍尤烈康親王平之是年山賊

阮春雷竊掠鄉村鄉老鄭永年募勇敢士率其兄弟

承烈承正等禦之殲賊黨民賴以安

二十年正月有穀自白鶴峯後飛入西鄉有聲後有斗秤隨之秤錘斗概俱備

三十五年洪水漲溢東南城外民居悉漂入海人民半遭淹斃時有福安舉子吳瑞文寓南關客舖亦遭淹死此據崔舊續稿府志作二十五年事誤

四十五年大旱

四十八年地大震金鐵皆鳴缸水自激

四十九年閏七月初五日夜東門火延燒直至西門五

顯宦前火星飛越西城外茅簷盡焚縣譙樓守備署
俱焚燬民居五百餘狀元里文昌祠獨無恙
雍正三年十一月十六夜支提山霜月交輝天風俱寂
鐘鼓鳴於空中其音喤喤
五年二月靁凡二日夜是年麥大稔
七年六月十九夜支提山空中現三燈　九月十五至
十七三夜復有九燈或升於天或薄於林
乾隆十三年麻竹結實形如麥粒小而長色微紅貧民
賴之

十四年十一月六都西陂海泥臭水族多死府志誤作十三年依黃中美續稿改正

十六年八月大風縣治右邊大榕樹吹倒壓壞吏舍舊藏卷案被風吹出城外溝渠中十無一二存者

二十二年五月南山鳴移時乃止民多死於痘疹者

三十八年六月二十九日風拔縣治左邊榕樹吏舍被壓舊存卷案多失

【民國】霞浦縣志

劉以臧修　徐友梧等纂

民國十八年(1929)鉛印本

霞浦縣志卷之三

大事志

地方有大事故必影響於其政治風俗或以得惡習之留貽或以成文明之增進考之紀載其例非一入其疆而有異於耳目者溯而考之皆有其致此之由此最足供論治者之所玩味者也霞邑西北阻山東南濱海伏莽易滋暴潮時至較之他邑變故特多又向爲府治各屬政令所從出不有紀之曷明沿歷之蹟今彙集史書府志及私家論著剌取其有關本邑者編次年月闕者仍之亦一方得失之林也志大事

漢武帝時東越數反覆朱買臣因言故東越王在保泉山（按府志注卽今福州城內之山時越王所據）今更徙處南行去泉山五百里居大澤中若發兵浮海直指泉山陳舟列兵可破滅也乃拜買臣會稽太守治樓船備粮食水戰

具歲餘賞臣受詔將兵與橫海將軍韓況等擊東越（載漢書）

元鼎六年餘善刻武帝璽自立天子遣橫海將軍句章浮海從東往

元封元年入東越殺餘善將其民徙江淮間（時縣地屬會稽東部載史記）

陳天嘉四年討陳寶應遣都督章昭達自建安入余孝頃督會稽永

嘉諸軍自海道併力乘之寶應大潰（載陳書）

隋開皇十年泉州王國慶作亂自以海路艱阻不設備楊素泛海掩

至國慶棄州走餘黨散入海島（舊府志注按泉州即今福州隋郡縣治[illegible]也）

五代王審知受梁太祖封為閩王時楊行密據江淮閩審知歲遣使

泛海自登萊朝貢於梁而又招來海上蠻夷商賈（載五代史）

南唐保大四年陳覺馮延魯等圍福州討李宏義吳越將余安援兵

自海道至白蝦浦登岸馮延魯等敗走（載南唐書）

宋祥符二年六月磁州叛卒葉儇陷福州

七月朔寇寧德縣長溪令潘中赴援死之

嘉祐四年知福州蔡襄奏福興漳泉邊海其巡檢下兵士多不習舟船緩急不足使令今除已行逐處修葺刀魚船各取現管數目編籍外其兵級常切教習舟船諳會水勢以備差使又奏福州海口巡檢一員移於鐘門掌海上風檣船舶令出海巡警（時縣地屬福州載三山志）

八年提刑司奏長溪羅源寧德連江長樂福淸六縣間邊海盜賊乘船出沒乃添置沿海六縣巡檢一員於長溪造刀魚船十隻往來海上收捕（縣有刀魚船始此）

李綱劄略臣勘廣南福建路近年有海寇官司不能討捕帥司無戰艦水軍寇至坐視猖獗瀕海之民罹其荼毒船既多愚民嗜利喜亂從之者衆寖成大患伏望於風濤之險以水夫駕舟以官軍施放弓弩火藥雖賊權飄忽可以追逐掩擊

紹興六年四月命福建安撫司發水軍討海賊鄭慶

十四年五月大水六月詔賑恤

三十年令安撫司籍募土豪水手漳泉福興籍募到船三百六十隻

水手萬四千人仍於瀕海巡檢下土兵内取七分識水勢者每月

一次同土豪水手船出近海港口教閲三五日復迴本處

乾道元年四月不雨至於六月始雨

五年大火惟洪隋臣使君之居獨存

淳熙十八年八月己未雨至九月乙丑大風雨暴至瀕海舟廬漂沒

無算

德祐元年寇入縣境俘掠甚衆

元

至正六年春二月大水非常漂沒

十年五月方國珍剽掠至大小賀鶯宣慰司移檄元帥匽海率萬戶孫照毅等往捕師潰於水壆賊追至赤岸匽海被執州民鬨竄

十二年始團義兵社

先是福州路以紅巾池細等爲亂四處侵掠下所部備寇州尹王伯顏募壯士張子光周顯卿袁禮文周德輔等備團練而社兵起

十一月紅巾黃善營屯福安縣攝縣趙執中主簿潭屠輪夜遁

十二月太安社兵至福安縣追賊首陳六七等於穆洋龍首橋還縣亦肆侵掠先是黃善自稱新州道都元帥張榜脅民從逆於是沿江負販深山樵採之徒蜂起爲僞千戶僞萬戶僞總管而民如在湯火中矣

十三日黃善引賊黨二萬寇縣境州尹王伯顏自將禦之官軍敗於山腰

來賓縣巡檢州人阮宗澤禦賊於南屏死之

十三年二月十七日賊黨復陷縣治州判張光贇死之同知林德成走七箐以圖恢復陳陽盈以泉州稅課副使值優歸與伯顏協力拒賊既敗賊脅之降陽盈大罵賊十八日與義士湯成順同遇害家業焚掠殆盡遂不屈死

十六年賊黨至雷壇執州尹王伯顏死之

先是紅巾賊逼境伯顏立四門爲壘募民訓練以備諭鄉民團結保守賊分道至境以千戶殿不花長泰主簿陳文積守西門自率中子相引兵至楊梅嶺戰敗賊衆大集退守州城遣阮宗澤禦南道宗澤與賊戰於古縣敗退至南屏死之壬午嚴不花陳文積開西門遁去賊突入伯顏奮身力戰馬中流矢遂逸北門被執賊首謂伯顏曰公廉能素著若屈公仍尹此州何如伯顏曰敗惟有死

耳寧能從賊卽強之跪伯顏曰膝可斷不可跪賊怒甚毆之伯顏嚼舌噴血賊面大罵曰吾生不能殺賊死當殺賊矣遂遇害於東門外神色不變立而受及出血盡白頭墜地而體不仆時年六十矣死數日色如生民無老穉號哭不絕賊亦後悔俄有毒蜂如雲屯賊庭民收葬尹屍而蜂散賊中常見尹引兵入州治皆警蹶賊首無故自斃其子相亦被執賊欲官之相曰吾與賊不共戴天顧從爾耶亦死之明年林德成起兵討賊望空呼曰王州尹率陰兵助我斬賊時賊視紅衣軍來忽大敗從此紅巾遂平

五月七日葺團安寧社

二十五日同知林德成率義士蕭克明張子文等復州治誅賊首江二蠻於迎恩亭德成升州尹（此時已有此亭舊志以爲正統年建誤也）

六月十一日殘寇卓仲溪王野僧等復攻陷州治空城一炬火及

東郊

八月袁安文以栢洋里圍泰安社

九月大疫民死者十七八

十四年正月三悏賊鄭長脚引衆侵州治二社會兵攻之（即泰安安寧二社也）

六月縣地大饑死者以澤量

十一月張子文袁安文令都民貢賦悉納二社又攻掠八都迫令輸賦怨聲載道

十五年正月大疫

防司副使郭興祖行部至州榜示周恤郡士黃寬上書極言二社之横（見藝文）

是年州縣大饑人相食

十六年福安官塘賊傅貫卿起長溪南鄉一帶大受其禍

十一月二社合兵破三恢賊犂其穴
十七年諸鄉各起團社吞并田土民怨有謠
十八年七月福建行省檄州討傅貫卿八月袁天祿率水師六十餘艘先至黃崎龍敗績陸兵深入賊巢焚其柵寨而還
十九年二月福建行省參政觀音奴討傅貫卿舟師敗於官塘二社赴援復敗泉州路治中袁安文陣亡
二十年十月國公大耳赤以照會升袁天祿中奉大夫江西行省參政徵其兵泉明通紀泉南雜志俱作天祿福建參政郡志則書江西今從東壁志何鏡傳元末江西福建合爲一省耳
十二月袁天祿赴江西召道經福州福建行省留之授中順大夫今世稱天祿公存此者以此
二十一年袁天祿納欵金陵明太祖賜書褒之
初丁酉歲義兵萬戶賽甫丁阿里迷丁據泉州陳友諒入杉關閩

地騷動天祿知天命有在遣古田尹林文廣來納欵文廣以其年
六月由海道出溫台爲方國珉所邀至是始達
十月太安社築城
是時凡橋道坟墓盡毀掘莫敢誰何民作吟傷之袁君袁君城兒鑿山之下墓墟被掘入塚石與骸骨占民田上關鑿墓穢骨於此歷漢若非蛙付大情何撤役民荷鍤杵犁穴無皴不鑿斯欲祖翻人藏祈民夜號天陰虛冷涼淋悲山中鬼存袁氏宗祠營之封何能錦又兒者坊若夏尾英宗築城方飛飛無歸之鬼若托遊游目一見觸所思鬼鑿有本諮其下十人出入安便宜祭鬼從深苦啼哭毛人思魅甘其餘纖乘與梓鑄有匹顛危自台但快持兒孫祭掃同爾家住城卑樣何闘輔几狀生爭受苦治又深深夜啼悲哉乘鬼發詞怕久遠天地循環何所期城池恐爲他人物他人又鑿鑿新卑寿號令民由增築弔家已破鑿無基恐人臟石毛雾墓以手斫碧俱無依
二十二年二月太安安寧二社治兵相攻
二十三年太安滅安寧自是全州悉歸袁天祿統轄
十月廉村社卓仲溪生擒官塘賊傅貴卿獻太安社
十一月烹貴卿於溪坪
二十四年開王埕田令人射矢之所及悉爲社田民怨愈甚

徙貧子營

營在六禪巷今稱養濟院參謀林天成居巷之右迫貧子遠徙否則阱之不能徙者皆自縊朞月天成全族爲天祿所屠人以爲報云

明

洪武元年正月湯和與副將廖永忠伐陳友定自明州由海道乘風抵福州之五虎駐師南臺使人諭降不應遂圍之敗平章曲出於城下參政袁仁（即天祿）請降遂乘城入（時郡地隸福州）

二年溫州叛賊葉丁香寇州治屠戮甚慘官軍討平之

是年大疫死者相枕藉

虎縱橫村落傷人畜無紀有杜門者虎踰垣壞壁而入嚙之道絕人行是年境內稱三災

三年六月倭寇山東浙江福建瀕海州縣長溪南鄉大受擾害

五年命浙福造海舟防倭

時倭屢寇邊海帝患之顧謂湯和曰卿雖老強為朕一行和請與方鳴謙俱鳴謙國珎從子也習海事常訪以禦倭策鳴謙曰倭海上來則海上禦之耳請量地遠近置衛所陸鍊步兵具戰艦則不得入入亦不得傳岸近海民四丁籍一以為軍戍守之可無煩客兵也帝以為然乃度地設衛所城明年海城工竣和還報命

按明初備倭祇於海上巡捕至此始量地遠近置衛築水陸設防嗣是江夏侯信國公遞有增置法制周詳鳴謙數語實發其端也

七年火燬廟學及民舍百餘家

十九年大水人民淹沒大半田園邱墟

二十年命江夏侯周德興抽丁為沿海戍兵得萬五千人移置衛所

於要害處
按經略海徼備倭置衛所巡檢司築城數十防其內侵又於外洋
設立烽火門南日山浯嶼水寨
二十一年又命湯和行視閩粵築城增兵置福建沿海指運使司五
曰福寧鎮東平海永寧鎮海領千戶所十二曰大金定海梅花萬
安莆禧崇武福全金門高浦六鼇銅山元鍾
二十三年令濱海衛所每百戶及巡檢司皆置船二巡海上盜賊
永樂十七年三月不雨至於五月有種不入
正統五年六月瑞蓮生於州學泮池
九年侍郎焦宏蒞閩遷烽火南日水寨於松山
十三年柴頭正詐稱鄧茂七副將圍州不克而遁
景泰三年鎮守尚書薛希璉出而經略增置小埕銅山二寨沿邊衛

所鎮戍之設漸加密焉又遷浯嶼水寨於厦門議者以爲棄其藩籬矣成化末當事者以孤島無據奏移小埕銅山於內港內港山澚崎嶇賊舟窄小易趨淺水而兵舟濶大難於迎敵遂致失利

五年七月十四日夜颶風害稼

天順間大饑斗米銀二錢

成化五年九月十九日大風海潮渰沒舟廬

十六年閏八月白鶴南山鳴

十八年七月十九夜暴雨各鄉山崩

是年饑

十九年六月十九日海嘯

二十年以後連荒邑市蛇傷豕畜亦傷人

二十二年六日己卯地震九月又震

八月大疫是年復大旱至二十三年相繼凶荒米價騰貴民取舊
頭蕨根充饑
正德三年五月至七月不雨
五年秋冬月大疫
十一年正月十五夜州學右夏家火延燒官民房屋數萬酉刻方熄
僅存城兩隅火後大患喉疾朝發夕死至六月末旬始已
十四年正月元旦雨雪三日十六年元旦如之高山深谷彌月不消
嘉靖元年痘疹大作殤者甚衆二年亦然
三年四月不雨至六月
五年四月旱至九月方雨禾麻菽粟皆死是年五穀乏種
六年大饑
三月礦寇周六焚掠九都延平知府陳能剿平之

七年地大震屋瓦皆鳴池水盡沸踰時方止

九年大風害稼十年七月大水十一年冬雷十二年八月十二夜大風折木十三夜颶風大作十四年五月大疫道殣相望有虎自浙倚南郊樹死

十五年旱六月兩虎往來東西南門五日不去知縣程世鵬爲文告城隍神數日遁林文燈兩虎行風生慘淡餉嗅枝兩虎馳逐相追隨牛羊狗彘俱辟易饑腸倒飫肉喫蝗螟遊稅斂年仍虎可憐焦土拱涕垂蒼黔失守破遐檄出防夜警相惡如街呼黑嫣不省爾負隅垂拱職管窺嘷毛白額盤旋數傑由可借強良權一。派馮婦善搏賈安得饞之裂其皮擊奸除暴職不任我有一劍光煜豐用之不誠嘆此快旁數袖手無從鬼甘朱寇何異可畏者汝以暴施殘時吾衙苛政猛於虎戕心人面那得知

十六年二月至六月不雨冬至後一夜大雨雷電

十七年知州謝廷舉上減本州驛傳夫役疏疏見藝文福州知府將州縣銀三千兩幫貼三山等驛不存其餘故州縣夫役無所出多派及里甲民困甚矣廷舉屢申請按院不遂疏將上適蒙准減追回三年後復府編貼驛加追每石徵銀三

錢六分民困益甚

正月不雨至四月九日始雨苗種不入土是月賊掠秦嶼並南鄉各土堡復大疫

七月海寇刦古縣村渠魁爲虎所傷始辟易登舟遁去

十八年詔遣錦衣千戶李隆巡按御史李鳳翔開礦於州知州謝廷舉力陳其害報罷

謝之言曰有金而以爲無者欺也無之而以爲有者亦欺也欺罔於暫可常繼乎他日必有投爐以死如葛佑二女者正統間課額不取之山而徵之田其言果驗

十九年庚子賊李光頭許棟引倭聚雙嶼港爲巢分掠福建浙江光頭者閩人許棟者歙人許二也皆以罪繫福建獄逸入海勾引倭衆聚雙嶼港其黨王直徐惟學葉宗滿謝和方延助等出沒諸番

分䑸剽掠而海上始多事矣
二十年三月至六月不雨縣官文高齋步禱立應
二十二年七月十六日無雨水暴漲頃刻高三丈許破城垣漂田舍
溪口橋圯八月火
嘉靖丁巳戊午連年倭寇東南各鄉以戚參將奏准沿海各鄉築
堡自衛至乙夘歲倭自浙入蹂躪遍州境以鼎邑之秦嶼有土城
失利去繼攻邑南鄉閭峽亦以堡堅失利於是南若沙治竹嶼南
屛厚首東若七都三沙北若柘洋之西林凡沿海奧區競起而興
城堡者無慮數十處
二十七年戊申三月都御史朱紈以都司盧鏜帥福清兵船泊溫州
之海門把總俞亭統燕山兵船協助之以備福寧之北境海道副
使柯喬統福清兵船泊漳州專備海戰以遏南逸副使翁學淵駐

福寧州僉事俞爌駐泉州備倭黎秀駐金門把總孫敖駐流江各分汛地水陸截捕六月賊許二刦北茭羅浮同知張魯把總王麟指揮閔溶張文旻千戶王灝王鑾禦之二十日金鄉指揮吳川追攻於近山海洋擒許棟其黨王直等收合餘衆復肆猖獗

三十一年倭百餘掠古縣千戶吳清往征陣亡

六月倭刼二沙

三十四年拆西城十一月倭九十餘由福清海口抵州寇浙

三十五年丙辰正月倭自海口遁至西鄉官兵追之斬紅衣賊首一人備倭劉炌千戶王月率兵至石壁嶺阻隘倉卒未成列賊突至炌格殺三人力盡無援斃於賊而手所持器尚堅執不墮月亦戰死御史吉澄請於朝立廟祀之賊經長樂石龍嶺逾閩縣欽仁里至福寧竹嶼孤山官兵追之或火攻或伏弩賊敗走參將尹鳳預

置藥酒於湖坪賊中毒者數十人四月及於桐山又破之
三月三十日倭二百寇州城官軍千數不能攖傷死者三十餘是夜二更地震倭數百從羅源來直抵北城下見有備乃燒陳廉吏宅而去
十月二十日倭萬餘劄營三沙是冬五六七八都禾黍俱未收
十二月倭攻閭峽堡不克
知州鍾一元墨縗往征大戰倭寇傳棨村庠生陳坡率鄉人助戰至小金師潰被害分巡舒春芳督兵戰倭於赤岸橋師潰僅以身免
三十七年都御史王詢請分福建之興化爲一路領以叅將駐福寧自流江烽火門小埕至南日山分漳泉爲一路領以叅將駐詔安自南日山至浯嶼銅山元鐘走馬溪安邊舘水陸兵皆聽節制福

建省城介在南北去海僅五十里宜更設參將選募精鋭部領哨
船與主客兵相應援從之
四月倭數百自古田而下殺死備指揮使劉某失其名
三十八年已未三月倭攻州城不克參將黎鵬舉敗之於屏風嶼鎮
下門及三沙海洋
倭攻州城時大雨城崩植栅捍衛分守道舒春芳堅壁清野城外
房屋宫廟折卸一空
初分巡道顧珋檄署州事武平知縣徐甫宰令軍兵炬火焚元妙
觀南禪寺建善寺三寺宏敞壯麗實爲州城護衛風水之所關鎖
前爲倭營不得已而焚遂不可復今且並其地而四分五裂及見
者歎之時倭數千至知州柴應賓病篤納印於分巡道顧公卽授
印於宰時未設客兵惟本衛軍兵自守城宰下令軍中人守一垛

游兵沿城循行一隅有警二隅晝夜勿移諭州民有積畜者送飯以食守堞者不得擅離違者以軍法治選強有力者養銳待用夜懸燈於堞外俾賊莫窺城上事賊酋數人作神鬼狀舞雙刀薄東城宰以崇法宜厭磔犬血擲之隨發銃果仆一人又銃碎其火藥桶並斃其人當倭至時欲分投於近城之元妙觀南禪寺建善寺圍攻州城宰募令軍兵焚之倭乃營於東郊周氏園亭亭有樓逼對東城宰諭發大銃破其樓飛箭焚之斃數賊賊潰亂而出渠酋金衣督戰於金山有酋遊窺戰地將擣吾之虛連發數十銃賊皆仆夜半賊佯作聲攻東南宰命備東北軍人謝益以猷筒照數十賊畀竹梯於城下將緣之而登城即以巨石投下多斃者賊棄梯去明日千倭繼至合衆并攻復登金字山箭銃入於城中守堞有傷者且分半於南宰神色不動用虎尾輪傷數賊賊火東郊去小

沙新賊又二千至營利堤四月倭纒纒至無虛日復攻東南銃斃
三賊朱衣棄輿酋徒步走福安城陷宰七晝夜不離始得解嚴先
是分守道舒春芳召鍛銃工及銃手至州鎔鑄訓習厚賞命中此
日之感奮敵氣春芳力也
是年參將黎鵬舉自嵛山衝倭舟爲兩截沉其一追至三沙火燄
山以火攻大破之
先是軍門阮鶚面諭都司張漢主和分巡舒春芳與鵬舉主征阮
大怒逮黎妻子下獄杖死家丁四五人乃釋春芳非忠義素著幾
不免耳
六月乙亥參將黎鵬舉被逮去
初總制胡宗憲命指揮張四維部乘守閩浙界兵入掠我南鎮慘
毒甚於倭鵬舉征之殲七人宗憲銜之舟山之敗留臺御史李瑚

論宗憲宗憲疑總兵俞大猷及鵬舉指授以同鄉故且宿憾耳
七月二十九日倭破桃坑寨八月初一日連攻柘洋堡不克
是日倭破桃坑寨殺守寨十一人直至柘洋攻堡上仙嶼瞰城中虛實城中架木堞樓爲禦殺賊頗多賊退初四日伐竹爲雲梯舁城下城上以鹿角柴擲下梯不得前又用竹束大石投之賊棄梯去初五日賊四面雲梯交攻城上矢石如雨賊死無算賊酋揮羽扇復合大戰死傷甚衆乃揮扇止攻破雲梯而退十二日燒各村房舍拔柘寨去柘人尾其後至梨坪生擒十餘賊於是鄉人始知有城堡之利而沿海五十七堡次第創築云

四十一年新倭巢五都横嶼又據雲淡門窺内港爲官井洋瓜魚船無數不敢入遂寇寧德
八月初一日浙江參將戚繼光帥婺士八千至州初六日渡金垂

初七日入寧德初八日早抵章灣師行淖歯中把總王如龍朱璣
秦經國奮勇先登殲倭衆千餘於橫嶼

四十二年五月倭寇流江沙埕初三日烽火寨把總朱璣率舟師破
之獲首虜五十餘

二十四日把總如王龍追倭於小石嶺大破之
春間倭數千從州流江陷壽寧政和復屯東洋從章灣返寧德茅
居盡燼聞戚參將由連江至欲奔壽政二路是日如龍尾其後羊
腸酷日戚繼光跣足身先士卒至小石嶺如龍縱火焚賊盡殲之
繼光手書慰如龍曰攀躋六十里自朝枵腹風馳萬丈嶺全捷而
還此天下奇男子事業也總兵當退舍待兄矣
先是倭大舉將入犯寧德屢陷距寧城十里有橫嶼賊阻水爲營
官軍相守踰年不敢擊其新至者營福清牛田而酋長營興化互

爲聲援巡撫游震告急於浙督胡宗憲檄參將戚繼光率都司戴冲霄把總胡守仁剿之先擊橫嶼破其巢乘勝至福清時九月二十八日戚家兵有律福清民大悅家具簞食餉兵屯於城邑令及父老請師期繼光曰吾兵疲且休矣俟緩圖之賊偵者歸告不爲備夜督兵行三十里黎明破其巢斬首千餘級邑人尚未知兵出也賊退屯牛田泥塗數里以官軍不能至繼光下令人負草一束將領不知所爲明晨疾馳賊營以草填地賊奔遁赴江死者萬計餘賊走興化急追之夜四鼓抵賊寨連克六十營斬首數百級平明入城人始知持牛酒勞遂旋師抵福清遇賊自東營澳登陸擊斬二百人而都督劉顯亦屢破賊宿寇殆盡自嘉靖乙卯以後十餘年間東南被倭中外騷然財力俱絀當是時武備久弛控馭無方而內地奸民復勾引嚮導遂致荼毒蔓延生靈之塗炭極矣微

繼光蕩平之其有寗宇耶初王直引倭入寇大獲利還島而來數歲殺傷殆盡有全島無一人歸者

八月南賊十餘船乘夜刦松山擄男婦百餘人舟泊海中俟其家責贖而後去

十月二十七日把總葉大正剿倭於裒嶼

十一月初三日倭破長春村堡（舊志稱棠村誤今更正）

是日參將黎鵬舉所部兵出哨流江假倭登岸焚刦村落

四十三年四月二十一日參將李超破倭千餘於水澳追至西路殺戮殆盡

是歲巡撫譚綸言五寨守拖外洋法甚周悉宜復舊制以烽火門南日浯嶼三腙爲正兵銅山小埕二腙爲游兵寨設把總分汛地明斥堠嚴會哨改三路參將爲守備分新募浙兵爲二班各九千

人春秋番上各縣民壯皆補用精悍每府領以武職一人兵備使
者以時閱視皆從之
按烽火門屬本州餘皆屬別縣萬曆府志小埕水寨在連江縣定
海所前定額船日十六北與烽火門會哨
隆慶初始添設海壇浯銅二游兵萬歷間尋增南灣嵛山湄州三遊
按嵛山屬州轄餘俱他縣
六年閏二月晦守備張奇峰移西郊關帝像於教場之西廟既折將
移聖像像首自搖動傾城往觀傳爲異事
萬曆元年六月三十日南賊屠塘頭堡在北壁東
是年七月　日午曲井水沸溢於街至暮乃止
七月二十日南賊航海至松山官兵敗績把總劉國賓死之
先數日海防館沿海釣魚船截兵把截每船索賄六七金始放行

六年五月初八日柘洋大雪

六月衛官激軍官兪子奇鼓譟城門連閉三日

九年正月丈量官民田畝

十六年州縣旱自此連歲相繼

賊夜刼詹洋村輯獲之

十七年七月十四日辰刻地震巳刻蓮池上境童宅火延燒州治救火兵隊認火藥庫爲銀庫去瓦而火箭四射燬學宫及民舍數千州城爲之半空

十八年七月虎由西北城缺夜入曉出經旬不傷人自遁去

二十一年九月霜旱

二十二年大旱

二十八年二月初七夜雨雹是年秋冬痘疹災

二十九年五月倭船三隻突至嵛山殺死哨官王某船進泊於松山三日城中戒嚴是夜偵報者疊至訛言倭自松山登岸州民洶洶震驚次日浙人毛國科偕倭奴來駕言賚日本國王檄求貢市州牧譏毛國科倭奴於松山竟脫去

三十年閏二月二十日大金筆架山前突現一山自巳至未形體變幻不一觀者圖之舊志載嘉靖四年四月內亦然山內有臺樹人物往來交易之狀蓋海市蜃樓此其再見也

十一月二十五夜火

造凌雲塔於馬鞍山（山乃州治之巽方也）

三十二年六月二十八日雷震城隍像

十一月初九夜地大震如雷山谷響應

三十四年大旱

三十五年州縣大饑轉糴外郡始濟

三十七年八月三十日城大水城不浸者三版田土變爲陵谷村落山崩壓死者無數人謂自有州治以來此創見大灾也

三十八年八月復大水風雨交作譙樓吹倒

三十九年十一月初六日州東門妄言凌雲塔不利於東衛弁鼓衆徑自折毁僅存兩層見者傷之

四十一年六月不雨至九月重陽始雨州洋田絕收山田僅收三分之一

四十二年州又被旱荒十一月初四日夜乘騆境火延燒四境大姓舊家俱燬

萬曆三十九年東門以十一月初六日火四十一年金波東境以十一月初七日火燒死本宅男女五人四十二年西門以十一月

初五日火皆同此月不知何故

崇禎九年遍山竹生米形如小麥

清

順治四年八月寧德海寇鄭寀率兵圍城

五年正月知縣錢楮捧假印出降自以眞印遁往省鄭寇入城稱監國魯將軍撫院等官縱兵刼掠十月十二日福安進士劉中藻率兵用隆武年號來圍城圖為唐王恢復歷七閱月不克中藻於龍首山截木作炮實以火藥拋擊城內至次年四月初六日城陷時清州尹宋不服被殺旋攻福安銃斃知縣郭之秀陷其城後陳撫領兵圍之中藻衣冠危坐吞金不死自經同時舉人繆士珦連邦琪方德新貢生郭邦雍陳瀚迅及男庠生思沛死之中藻著有洞山文集後劉令玉璋奏准列之忠義

七月夏大旱

十月瘟疫遭寇大亂

八年二月初四寇又至民匿屋被焚

十三年冬海寇張明振等竊發城閉一日十六年吳總兵隙省請兵防寇正月十八日兵至占踞房屋坐索供膳擾害難堪至六月二十三日始回省民屋遂沿為兵屋每石苗米除正供外派馬料穀三石鐵料穀七十觔州預備穀六十觔稻草千觔秤皆加倍又勒借餉銀上戶百兩中戶數十兩不等更官糴料穀加給銀壹兩者約費穀六十餘石有田者被虐有財者立窮厥後張明振屢劫不戢而鄭成功又據臺灣勒令沿海居民出貲供餉至十八年督撫蘇尚書李部院疏請移民以絕接濟之根編籬立界濱海人民悉遷界內越界者斬田廬荒廢魚鹽失利百姓流離慘不可言至康

熙二十二年總督姚啓聖巡撫吳興祥將軍施琅平定臺灣鄭克
塽歸順海氛始靖下詔開界民歸故土沿海居民競繪姚吳諸公
遺像祀之
丙戌年夏大旱
乙巳五月福撫許題請福寧州復土流民給照開界內港復業採捕
時竹江沙沿洪江硯江青山台灣等處先後報墾給照矣
康熙六年八月十六日州城大水
十月龍灣村土匪阮春雷侵縣殺城樓守兵代鳴更鑼把總徐登
聞鑼聲異常覺之率兵至鹿斗街奮力殺賊守備蓋世勛集兵援
應賊遁乃大索城內餘賊盡殺之
十三年耿精忠作亂寧德爲耿黨曾養姓等所據乙卯賊縱掠各鄉
鄉七都三遭劫掠被禍尤烈至康親王入閩平之

二十一年院前村有白鼬數十飛入人家食米穀月餘一村盡火
二十四年春旱知縣趙廷璣下車步禱三日甘霖立沛是年大稔
三十二年癸酉十月龍首山鳴越明年州人吳廷琪登進士
三十三年秋八月浙江泰順王掠天刦奪柘洋蹂躪各村冬十二月焚燬上城人民一空掠天初在柘洋上城爲銅匠因損傷鄺石主人陶氏責令賠償銜之及爲寇陶氏被其勦滅餘一人避石山
三十九年庚辰南宮火
雍正二年南門政平境火
四年六月晡後西北驟起黑雲雹下如彈
七年八月十五夜風雨大作
八年三月初八日火藥局灾
九年西門東隅境火五月初四日昏雷震南宮

十年六月蟲災早稻實者皆萎是歲饑

乾隆九年十月初十日夜府前東井火燒鼓樓並龍波東西政平上下萬安五境越日乃熄先是七月彗星見李總兵易砌嶺頭亭形家言南方失利已而果然三月痘疹流行越歲乃止

十三年十一月六都西波泥臭魚蝦盡死

十五年八月初九夜大風雨摧折東門城樓水高離堘三尺壞東西郊店屋溺死數人棺柩漂流無數是年饑

十六年饑柘洋竹産米鄭邑龍作詩紀之有詞曰民粒食天所與地與人間補助貯不爽原田粳米登山中竹樹饑堪烹乃年七夕月初旬淋漓滂沱阻行旅經旬不見天日先行潦泥沸行苦楚八月八日又大風所前水深盈如許從此一連九十日禾實稠疊萌芽舉丁壯披簑吹餘粒父老田中拄杖語今年大半減收成常恐明年結莽冇誰知今年五月間滿竹盡樂結如黍既堪適口充饑腸更宜代秫釀作醪大者提筐小攜簋貧婦登山亦盈筐中戶拾作三月糧大戶人家猶無數之句

七月八日大風雨山崩水湧漂壓居民無算

十七年饑二月匪民陳士樂率衆刦借富家粟糶不能制觀察白瀛

鞫之斃其首惡論罪有差
二月十七日戌時地震
閏七月十九日颶風大作
十八年三洋柘洋等處羣虎出沒入室噬人至二十一年患始息
十九年四月二十七日雷震北宮東社
二十三年十二月初八日知縣胡世鈺建先農壇於東郊外掘地忽
有烟起一線高六七尺漸大如蓋經時不散衆訝之掘深三尺得
宋元死難忠節潘王二公合祠碑郡守李拔以爲英靈所結令設
主祀之碑移豎於節孝祠左壇廟下李拔有合祀忠孝祠記
夏六月郡署宅前產五色靈芝二枝九莖郡守李拔作天產靈枝
頌見藝文
二十五年庚辰三月二十八日火延燒民居百餘先是郡署大門前

譙樓下有中明旌善二亭倚樓臨街與闤闠相接數被火災時火已薄亭郡守李拔率兵民馳救令毀亭以全樓曳而綆斷者三衆皆束手李公叩頭默禱風反火滅樓得無恙乃移二亭於大門外築牆以隔之

乾隆五十八九等年閩浙沿海北接諸山東南通兩粵三面數千里皆爲盜藪其內地曰洋匪蔡牽爲魁朱濆次之外地曰夷匪多中國奸民挾安南人爲之外地踞於鳳尾洋內地踞於水澳一艇載數百人夷艇至輒數十艘蔡牽有百數十艘朱濆亦數十艘邑東南沿海胥遭蹂躪

嘉慶三年六月閩浙水師總統李長庚率師擊之獲安南僞侯倫貴利等四總兵磔之自是夷艇不復至其在閩者皆爲蔡牽所並牽同安人少時流落邑南鄉水澳爲人補網水澳漁戶多本同安籍

以牽奸猾能用其衆既得夷艇夷礮凡水澳鳳尾餘黨皆附之勢張甚李公造大艇凌匪艇上者三十艘名曰霆艇遂連敗牽於岐頭東霍等洋

八年李公率霆艇擊蔡牽於三沙灣追至溫州之南麂毀舟六或沉或燔牽畏霆艇甚厚賂州民造巨艇高於霆艇先後載貨出以遺寇而以被刼歸報牽得之大喜渡橫洋刼臺灣米數千石分餉朱濆遂與濆合

九年蔡牽連八十餘艇猝入閩之羅星塔閩師不敢擊

十一年牽濆合寇州地李總統擊敗之牽入浙當牽自鹿耳敗遁時甚狼狽追至福寧得岸奸接濟勢復張

十二年四月蔡牽船至東冲爇見瓜船數千洶洶鼓譟卽復退外洋之浮鷹島

十一月二十五日李總統親率水軍剿牽於潮州黑水洋自擂鼓合戰良久擊破牽篷又自以火攻船維其後艙將燔之不幸中礮仆提督張見升以所獲蔡牽誼子蔡二祭之遂引師退牽遂遁歸水澳李公旣薨上震悼賜伯爵謚忠毅詔舊部王得祿邱良功分督閩浙繼其功旋殲牽於溫州之黑水洋本州水澳三沙皆牽黨巢窟並剿之

道光二十五年始行鹽務會科派各郡殷戶充總鹽帮以維持鹽課之短絀富民逃匿凡委員詣其家車馬酒食以及奔走丁役皆有費必輾轉請托捐運本若干始寢邑西郊游鄉二戶膺是役家產蕩盡後左文襄疏請改票民困始免

咸豐三年六月颶風洪水經旬不休山崩地陷田園悉成沙礫廬舍漂圮餓莩徧野爲數百年未見巨災最甚者西鄉樟橋一村數十

家背山而居夜半崩壓全村無遺又有橫江村者溪橫山口夜半水忽漲民不及避者隨屋漂蕩或浮四五里之遙燭光哭聲中央宛在吁慘矣

咸豐七年七月粵匪自號白面殼者其艇以白洋漆塗之故名匪衆悍甚先刦埕塢村許家擄其男女勒贖閉置內艙守以女役寇黨不敢犯擄帆而去後刦竹江村緘借鄉家銀二千元而禁村人援救艇上礮聲彈子紛起然無穿屋傷人者是夜環江各村望見竹江燈光高下如沸其實村人無有明火者寇疑怯而退人以爲神佑云後歐月復至村人已稟請二巨礮以備之遂鳴鼓於𡍼神廟生員張昌年對艇發礮風忽順轟及其艇寇遁從此不復至矣遂請營防之官兵探匪退乃來反遭其擾

咸豐十年二月白面殼六艘分泊釣岐村擄人焚屋村人謝景發謝

成章亦殺傷賊星官請辦三月間經吳遊擊剿滅

同治三年甲子平陽紅布會作亂太守程榮春平之紅布會又名金錢會私鑄金錢分給爲內號以紅布纏袖爲外號集於平陽匪首趙辛林孔葵等串同本管各匪目分道來縣爲內外應海船三號裝二百餘人密藏軍器火藥餘黨陸續集合而生員陳田璧等爲之內應期於五月十五夜二炮後東西兩門放火爲號內外齊發分圖府縣鎮協守備各署先據府城進攻屬縣定謀如此覓無知者五月初三日督憲密札程郡守云有平陽匪首毛行南入寧勾結等情密查無據至十三日探子報平陽人陸續到城數倍率多空手其僑居者數萬戶無不糶穀買器率從賤價知亂機已動十五日發報趙辛等分隊來襲約以二更起事程守遂密召中營兵至晚而集調三沙寧德羅源入援並飭周縣令備防守一面飛

差飭福鼎縣嚴防速辦天將晚東西兩郊地保走報客舖平陽人以千數而福鼎陳令專足之密緘亦到程守即赴鎮署點兵密召聯甲爲助親與會遊戎出城搜捕客舍協拿匪徒獲九人因戒毋放二炮訊匪供言其徒共有三千餘人各結高麗白手巾爲記驗之皆實突聞人聲沸騰賊云賊至城下即下令但見平陽人即殺匪皆驚散擒斬六十餘人龍亭武生周步青獲奸細供出內應范紅綢捕之已逸獲其婦人供稱陳田豐與營弁黃高連郭鴻章等七名結爲內應四月間親赴平陽入會結謀等語范紅綢旋被聯甲綁送梟示餘賊程守陸續以計除之惟陳逆逸內匪既清外匪亦散遂設團練總局於衆母堂以舉人黃鍾澤拔貢張國綸生員盧慶瑜董其事城鄉逐戶清查定聯甲之法程守著簡練集嫺習編以爲遵守是役也較之咸豐十一年金錢會擾福鼎吾縣民閒

籥奔避援兵乘機搶奪官不能禁其相距僅四年耳
同治六年城北社火數十舖焚燒殆盡
十二年六月大風雨覆壓房屋無數
十三年七月南門火燒大街關帝廟
光緒元年大饑民死無算
　九月七日彗星長如布
十二年十一月十五日南社火
十六年六月十四日西社火自西門延燒百數十家至登瀛坊
十八年十一月十八日大雪山木凍死
二十年九月二十一日寅時雷劈塔峯大松樹
二十二年六月初一日柘洋飛霜
二十四年八月十五日颶風狂雨晝夜不息海水陡漲濱海之村受

害尤烈
十一月初一夜火南至萬安境東至縣署前計燒百餘屋大南街一
空
二十七年六月十八日颶風異常海潮陡高數丈傾圮塘屋無算竹
江村前壜一帶石塘蕩無片石屋柱有懸於海者
三十一年十一月十五夜城西登俊境火燒至西門隅止
三十三四兩年縣治荒甚民嗷嗷鬧饑民豫倉穀不足以濟四鄉戶
多爲貧民所搶府縣採糴不給饑民鬧至府堂
宣統元年四月山民鍾起智養病醫館忽發狂曰吾今日欲盡殺城
中人入屠肆搶屠豕刀二左右手分提狂馳直突猛不可禦沿街
被刺三十餘人立死者九人不治者三人旋爲人交梃擊斃
三年辛亥秋九月吾閩革命響應武昌知府滿人智格謀出走又傳

福鼎有浙匪乘亂奪城事居民驚惶嗣知謠傳旋定知縣南昌人葉湘商諸鎮府集紳耆殷富等籌欵辦團設總局於北宮而四社並設分局分別舉董並札飭四鄉紳董倣辦藉壯聲勢備不虞迨樸壽戰死參佐領以下繳械受降而縣城猶未得確信言人人殊風聲甚厲既而有陸軍營官顧寶雲者由福鼎來郡安民同時國會議員朱騰芬亦開會演說票舉職員籌進行方法上條陳於省軍政府忽又有閩候不知姓名者數十人臂纏白布携數枝舊式槍械並炸彈一箱(封口者)亦口稱奉諭來寧安民沿途索供億向牙厘各局追收巨欵勒縣署辦差葉令勉竭數百金應之顧氏軍聞之憤甚擬乘夜驅以武力某紳恐玉石俱焚向兩方苦勸乃止及福州統制孫道仁改號都督正式公文到郡委軍官胡桂高接知府篆諸議局公推王邦懷任本邑知事人心始定維持數月吾儕以

邑人充縣長此其創舉

民國四年百筧洋鄉民抗捐拒捕差以匪報羅縣長防亂請兵至適羅撤職事尋寢

六年福安烏錢會匪被剿餘黨散入霞境謝墩鄉謝阿維陳墩鄉陳阿顏乘機誘集混稱烏錢會刼掠數鄉次年下西鄉保衛團以計擒獲省官蔡知事派兵捕斃之

七月福安奸民九人口稱烏錢會突入小南之傳築村林宅勒去六百元夜間未知多寡無敢出而問者故匪得安然而去

七年戊午八月栢洋蒲洋村奸民楊某勾引福安烏錢會乘夜闖入治之南郊關帝廟鄉民探知詰朝協力擒獲十八人解其魁於縣入獄

八年正月初三夜大雪烏錢匪百餘人由福安前塘船駛至鳳尾洋

椗礵頭鼻知事蔡樞閣警初四早即派隊往當時斃匪五人獲二人歸亦槍斃南鄉以是得無患

十一月閩督飭霞鼎安寧壽五邑兵會剿土匪雷廷珍於柘洋之茶撐匪出沒於孤獨山官兵圍攻月餘不克

九年庚申秋獲雷廷珍於福安之謝口戮之其黨連福中陸聚興雷正春以次就戮茶撐匪害平

雷廷珍者柘洋茶撐人踞於福安界之上白石地勢險甚珍擅拳技蹻捷如飛常以盜牛爲業清末積案纍纍官莫能捕久之其徒愈衆失牛者必求於雷所但逐其欲皆可得牛及烏錢匪亂漸與勾通勢益盛柘洋中人之家無不受勒然雷之附匪也虛聲無實械少且盜官兵易之因養寇以自資於是兵去匪來匪潛兵至故能爲地方害者數年後上憲嚴令捕寇乃擒而戮之於謝口匪黨

連福申亦續爲排長陳舍銓所斃餘股陸聚興尤黨仍肆擾於柘洋明年夏兵民會擒而誅之

八月海寇李文彬泊斗米灣擄人勒贖次年又掠大金村縣令蔡樞派兵追捕寇避福鼎峽門

十五年二月海寇刼東鄉隴頭村其地離城三十里倉卒突至計被搶約二萬餘金刺死一人傷五六人及軍隊馳至而寇已去後賊舟爲馬江軍艦所獲槍決二人

冬十一月初八日周督辦部董勝標將啟鳳及王雲岳獨立團率逃軍約萬七八千人由安寧二縣竄來一路派米派夫入城到處佔駐柴米鹽菜器具等供億倉皇人力財力俱極乏竭閉禁縣長郭犖科長胡坤成商會長陳文如林伯棠及紳士王邦懷孫纘基薛蘭猗王士琛郭經畬王鴻勳等縣署之西偏索欵五萬元不得

則榆槩勉籌三萬元應之尤復拿夫擄食四出剽掠十七日乃去屋無人烟路無人迹者凡十餘日蓋霞城從來未有之兵禍也

【康熙】壽寧縣志

（清）趙廷璣修 （清）王錫鹵等纂

清康熙二十五年（1686）刻本

災變

天變

正德十一年八月初一午候忽昏暗良久乃明

雷雹

嘉靖七年四月十五日偶有龍飛過雨大雹人畜皆罹其災屋瓦損其三分之二康熙乙丑三月東路地方雨雹大如卵屋瓦俱漂路窩高三尺有漁者夜宿崖谷見一物身有光焰彦之如蛇長數丈餘向天飛騰遂以雹作

颶風

嘉靖二十八年八月初旬田稼初穗忽值颶風高元之地吹損甚多秋成失望康熙三年九月間

風起異常穀粒
盡損次歲大饑

亢旱

弘治十一年六月不雨知縣蕭公齋沐步禱　康
熙二十九年六月不雨至七月士民群呼籲卹　邑
侯乃雨是年冬歉二十四年春大旱穀種不能
知縣趙公廷璣甫下車遂沐齋戒身率士民步禱
二日甘霖立
沛是年大豐

地裂

嘉靖十四年乙
未地裂成河

水災

嘉靖癸卯學泮水災崇下天橋宣舍
隆慶五年大水漂人城內居民受害

火災

正德十二年民李氏失火焚縣前橋及平政坊
嘉靖十八年民葉聰二失火延燒民屋并東門城
樓又儒學門與賢坊　嘉靖二十一年民吳居失
火焚及報功祠前橋并洋前房屋百棟　嘉靖二
十四年民蔣朝家失火燒鼓樓陰陽醫學申明旌
善二亭惠愛昇平二橋民居五百餘家坊表十二
萬曆七年任泰二家失火燬鼓樓及總舖預備倉
于來橋民居四百餘家　順治四年草寇蜂蟻聚
縣堂分司邑
中俱爲灰燼

歲饑

正德三年夏飢斗米倍價三分民掘蕨根爲粉充
飢　嘉靖四十一年飢　萬曆二十二年知縣戴
中詳以所儲賑民賴以生　順治四年飢因草寇
屯聚未得耕故也　康熙四年鄰邑遭風害告糶

鄰邑

地震

正德十六年夜半地震房屋有聲 嘉靖二十一年地震有聲如雷 康熙十五年地震屋宇撼動

虎變

嘉靖十四年有虎自浙來倚南郊鬪死二十三年羣虎往來九鄉地方行旅耕鑿時或噬東西一竄入城損傷人畜知縣張公焚牒祈禱民賴以安

康熙六年附城村落有虎截道路鮮行人防守觀拾虎匠博之一日而殺三虎害少除 康熙二十二年二十三年各鄉猛虎成群或日傷二三人路幾無行蹤二十四年春知縣趙公廷瓌滋任猛虎遠遁去行人乃得無虞

雷災

十二年六月六黎村馬洋嶺傾白日雷

光四朝震牙牛二十五年越明年歉變合邑饑

二十四年十二

月念七夜惡雷

蟋蟀異

康熙二十二年西宅村民臣遺兩蟋蟀以居有蟋蟀對湧夜入寢室変人喜如貴聚

火異

康熙二十一年院洋村有鬭數寸飛入人家食米粟月餘一村俱遭回祿

寇害

嘉靖三十八年倭寇自漸來突至一都四都擄掠闔邑驚惶逃竄四十一年倭寇陷城傷害男婦不可勝紀四十二年山寇劉大眼攻城焚屋燬如燬寇順治十五年山寇王勝天等剽掠四都五都

民受其害 康熙元年寇二十餘忽至二都恐掠子女一十餘口營兵秦華防守李戰死

兵變

康熙十三年三月閩省兵變本縣防兵乘機遁餉開放擄掠民不堪命

（清）張景祁修　（清）黄錦燦等纂

【光緒】福安縣志

清光緒十年（1884）刻本

福安縣志卷之三十七

祥異

休咎之徵著於洪範災眚之事載於春秋歷代史乘因之備紀五行凡以示長世字眊者知所修省也若夫一鄉一邑旱澇之不時萑苻之竊發木石蟲魚之變異風霆雹霰之失常亦所時有其於天下如塵加嵩嶽霧集淮海何足深怪而必謹志弗遺者微特長民者軫念民瘼有所畏憚而不敢肆亦欲士庶人共知修省默迓天和常保此無疆之休不待遇災而思懼也彼夫迹涉符

瑞而事屬夸誕者概無取乎揚厲云爾志祥異

宋

紹興十六年大雨連旬東平二溪水溢淹一縣龜湖山僅露山頂容數百人大蛇突出人皆驚溺浮尸聚棲雲寺前僧立流骸冢埋之

淳祐間虎入城

紹定四年大有年先是臨溪沼中紅蓮變爲白人以爲兆

元

至元十三年九月大疫

至正十二年七月始團義兵社

穆洋康二通政和紅巾賊義士陳頤九死之是年饑外塘人陳長鼻倡衆沿
鄉强糴因而行刦穆洋始結社康德甫與蘇鼎一有卻欲
圖德甫德甫使其子庚二往通紅巾黃善得僞劄數道歸
欲以授廉村陳評九頤九不從語具陳傳中縣簿譚居
倫歹鎮守百戶花端翊並其黨王富五執之康二就誅

八月紅巾黃善入寇攝縣事趙執中求援於州不報九月城
附義兵黃正隆帥兵救縣且行州吏陳通甫阻之縣兵拒
於披雲渡賊不獲濟數賊潛至富村奪民舟順流下以
濟其黨遂不攻城附二卒密赴州言狀
州以無文書疑為賊格殺之賊益熾

十一月後溪林永泰許洋鄭崇凱等寇縣百戶花端翊被殺
初九日黃善復屯營縣中攝縣趙執中主簿譚居倫歹遁

十二月太安社兵至追殺賊酋陳六七於穆陽龍首橋遷縣

大肆侵掠先是康壽四等見江二蠻敗死赴宣慰司告指安司以壽四陳六七為州同知攝福安縣事而黃正隆不平復詣司控告許其討賊故太安社先遣正隆以其意諭縣縣民多不避兵至是被掠怨正隆入骨

十四年正月初十日三恢賊毛德祥等復陷縣城史縣尹遁

三恢一作三魁

四月三恢賊鄭長脚張四三復引眾入犯越十日侵州治二

社會兵敗之

六月州縣大饑死者以澤量尸

十五年正月大疫是年州縣大饑人相食

十六年官塘賊傅貴卿等寇邑至白沙水田大掠

十一月二社合兵攻破三恢賊犁其穴

十七年正月諸鄉各起團社并吞田土民怨有謠

十八年七月福建行省檄州討傅貴卿八月州同知袁天祿率水兵六十餘艘先至黄崎鎮敗績陸兵深入賊巢焚其栅寨而還

十九年二月福建行省參政觀音奴討傅貴卿州師敗於官塘二社赴援復敗泉州路治中袁安文陣亡諸社横甚縣尹張師道棄官去

二十三年十月廉村社卓仲溪生擒官塘賊傅貴卿獻太安社

明

洪武十三年寇亂延安侯唐勝宗遣將士討平之見昭代典則

十九年大水人民淹沒大半田園邱墟邑十數年荒落

正統十四年沙縣寇鄧茂七賊黨兇掠至穆洋曉陽勇士謝統四剿之

天順間大荒餓莩流散

成化五年七月十四日東平二溪水溢疾風猛雨從之水勢

較之洪武十九年高加五尺二十年以後連荒

邑市蛇傷豕畜死者過半亦傷人

宏治元年三十都田禾一莖三穗多至四五穗

二年五月大水

正德三年冬有星隕聲如奔馬震數十里

四年十二月二十六日城中火延四門初更至四鼓乃息僅

存縣堂及按察分司

五年冬大疫十室九仆

十二年十月十六日地震者三是年饑

十三年又饑是年六月雨彌旬水浸縣治惡風害稼

十六年元旦雨雪三日平地積三尺數日始消高崖陰谷狹月不消草枯獸死

嘉靖元年二月痘疹大作瘞坎相望

二年四月至六月不雨禾半收

有虎白面咆哮福甯村落傷人畜莫之制旋入縣縣人戴某格殺之

五年夏旱至於九月縣官省刑賑貸祈禱得雨稿禾復生秋得薄收是年十月陽頭境西門外火

六年四月穀踴貴中戶鬻產轉糴溫州米得活貧家采蕨根春粉食之山爲之赤十四年四月同

十月火

七年地大震

四月七八都雨雹大如拳毀瓦屋傷人畜

十二年正月十三日積雪尺餘嚴霜助寒凍若深冬

六月二日午時城中金山左火延及西北須臾民居殆盡西城外毀

八月十三日大風自酉至戌拔木揚沙

十三年三月十八日礦寇至萬壽亭下鄉民與戰死者八人

十四年十月朔有星自西北流墜東南色赤形如箕尾如炬
光芒燭人

十五年秋旱

十六年三月至六月不雨田園荒過半

六月六日礦賊掠陽頭縱火刼掠時天昏黑致仕教諭李泰
督戰死之

十七年正月半雨至於四月九日壬子雨穀種不入

二十年三月至於六月不雨太荒縣官文高齊步禱有應晚
禾大收

二十二年七月十六日無雨水暴漲頃刻三丈許壞城垣漂田舍溪口橋圮

八月十六日縣前舖火西及東華東及賓賢中夜雨滅之

二十四年流星如瓜有星從西南飛墜西北焰長竟天

三十四年芹山夜鳴震聲數十里有兵災

三十八年四月初五日倭陷縣城教諭程箕訓導謝君錫死之知縣李尙德逃出城是年旱大荒大疫死者二千人是先怪徵屢見流星如瓜從東南墜西北其焰竟日識者知為天狼旄頭初三日急報至化蛟時改築新城猶未完北城垛牆未砌知縣李尙德督民兵守陴時承平日久家無戎器庫無硝磺敗銃朽弩不堪為用典史陸鵬以他務出獨

令一人守東城教諭程箕同諸生王天爵蕭九衢柳廷謨守西城訓導謝君錫同諸生郭公識郭大乾陳學易守小西門訓導陳豪同諸生吳廷拱吳廷爵詹洪鎬守南城北城以陳氏居近人衆使守監生陳塤諸生陳國初陳魁梧守禦倭至陽頭結寨初四日攻城矢石亂下倭少退晡刻二十餘賊於北城觀陣陳氏勇士十餘人縋城下掩擊之梟二首以歸士爭奮初五黎明賊衆大舉據北城外虎岡及西城龜肩東門外鶴山頂乘高注矢鐵鏃鉛銃雨下諸生郭大科捐金募死士督戰郭大乾奮身射賊中炮死至午矢石俱竭北城堞崩賊遽入俄而龜頸亦破教諭程箕死之謝君錫具衣冠觸 文廟柱死陳豪得諸生扶以東走脫之李尙德帶印出東城遇夫人陳氏投東河死李後以印存就吏充戍陳塤陳魁梧郭大科等皆遇害詹洪鎬罵不就縛以劇死陳國初執至國澤罵賊支解之吳廷琪抗罵死於白鶴山下劉元錚死於江鄉初九日倭去計男婦死者三千餘軀而去者七百餘溺水墜崖死者莫計

十一月晉江令盧仲佃改召福安廓城安集

三十九年四月倭復入寇知縣盧仲佃攜三子乘城守倭宵
遁
四十一年倭寇西門知縣黎永清令善砲者林八中數賊亟
遁去後總兵戚繼光盡滅之
梅山小橘一歲高五寸開花結實後數尺餘而無花
隆慶六年二月大雪
萬歷初年倭賊夜刦桑陽鄉民殪數賊
五年十月朔彗星見西南形如雲氣根開丈餘中經二三丈
長十餘丈光拂東北十一月望後始沒

九年七月初九夜西南星隕如雨大水巨浪高於敵臺枕尸
狼藉死者二千餘人僅存東北二隅
十年倭復刦穆惕鄉甲擒之殆盡
十六年以後井泉涸連歲旱荒
賊夜刦詹陽村緝捕獲之
二十年旱甚於常
冬無雪而霾竹木經春不發
二十一年除夕錦屏後巷火延及中華之半
二十二年夏荒

三十年七月十五日大風拔木

十一月二十五夜東門火三百家

三十一年三月地大震次年地復大震

三十五年十一月初三日賓賢以火是年大荒得蘇州溫州米少濟

三十七年八月初八初九水漲城中漂沒丈餘夜山崩民居山下者壓死數十人是歲大荒

崇禎十三年七月大水漂溺廬舍人畜無算

國朝

順治五年明行人劉中藻率兵攻城銃斃知縣郭之秀城遂陷

六年 大兵進圍劉中藻城中食盡中藻吞金屑死

十一年七月十三日下二十九都陡然驟雨滂沱洶湧水頭丈餘十四夜大留東山傳厝後山蛟出路由下二十九都塘經過推陷塘墘潮浸塘田通洋絕收

康熙五年十月初三大雪積五六尺

十年海寇阮春雷侵縣夜靜後有數賊潛上小西門城樓殺傳史兵代鳴鑼把總徐登聞鑼聲異常率兵往至鹿斗街

遇賊接戰殺賊守備蓋世勛集眾兵接應賊在城外者先
遁入城賊殲滅過半次日大索城內凡小西門人居廁所
及鹿斗街店溝下俱有賊潛匿盡搜而誅之
十四年八月大水舟入城
十七年九月縣民陳希堋妻一產四男牙齒俱全踰時死
三十八年八月十七日洪水暴漲浸沒縣城東西南三向
五十九年七月大水入城東南隅
六十一年二月地震
雍正四年七月大水穆陽廉村水更甚三十都以下山崩壓

屋傷人

十三年火

乾隆十四年八月初九日大水淹至衙前街

十六年仙嶺山鳴

七月十四日大風夜二鼓洪水洶湧城內東西南三向人上屋頂避之次日午時水始退人居蕩析及半陽頭被災最烈居人併屋流入海幾五分之三北郊南岸一村全沒

二十二年冬東西溪虎輒傷人

三十八年六月二十九日大風洪水洶湧東門城圮

四十五年十二月十九夜初更天鳴頃有物如鳥展翮墜下有赤光史記天官書天鼓有音似雷非雷又山海經畢方鳥其鳥銜火下則火災見是爲天鼓鳴畢方鳥下

四十六年正月十三夜初更三會堂學前火學宫存者惟正殿明倫堂訓導署尊經閣是夜風烈延及中華南街鹿斗錦屏賓賢諸境民居市肆半被焚燒至黎明始息

四十七年七月十五日大水淹城内八月初三日大風雨是夜又水入東南城隅

五十年正月二十九日城内劉厝裏火延燒百餘家自巳至西始息

五十四年二月城内中華街火

六十年夏穀價騰湧斗米値錢一百八十文先是漳泉大水淹流數縣延及一省各縣皆爲之饑

九月學前街火延燒市肆百餘間

嘉慶六年十一月城内司前街火

十二年夏雨雹

十四年七月十七日未刻颶風大作祠廟官署民房半被毀壞至酉漸息是夜二更時水入東南城隅

十六年七月彗星見西北月餘滅

十七年六月東西二溪水溢入城淹東西南三向一晝夜始
退
二十年春正月平地雪深三尺
二十三年九月學前街火
二十五年六月路頭街火
夏五月不雨至七月十八日始雨八月北風傷稼是歲荒
道光元年六月夜有星自西北流墜東南色通明形圓如匏
其光射人
冬大有年

四年春痘疹大作死者不可勝數至冬漸息

十二年八月大水入城

十四年夏旱

十五年夏大旱四月不雨至於八月

冬大饑鄉民多餓死

十八年冬大有年

十九年六月大水入城

二十八年七月大水入城至龜湖山嶺尾東南門民居淹沒

三十年七月大水入城

咸豐元年二月地震

三年二月茜洋村山石夜行旋轉左右而下民居被壓

七月東西二溪水溢入城西溪水驟湧坦洋村山裂橋圮民居漂沒是年雨水過多鄉村數處山裂地陷居民多被壓死

四年二月地震

七月彗星見西方

五年八月十一夜颶風大作城內民居多被壞至十二日始息天馬山列岫亭被風飄去僅餘瓦礫

六年大庄王慶春結黨為八卦會搶掠鄰鄉謀刦城事發知

縣張燾擒獲十餘名立置法黨遂散

同治元年七月大水東城坍壞漂没廬舍人有淹死

三年十二月初二夜金山街火延燒至南門街

四年正月十八日大雪翌日雷震雨雹

五年九月十一夜金山街火延燒司前街中華街自亥至巳始息

光緒六年大有年自六年至八年年冬俱大熟

七年十二月司前街火

八年三月二十日地震

七月有星見東南方吐白光如練長丈餘八月始沒

十月二十九日地震

福安縣志卷之三十七終

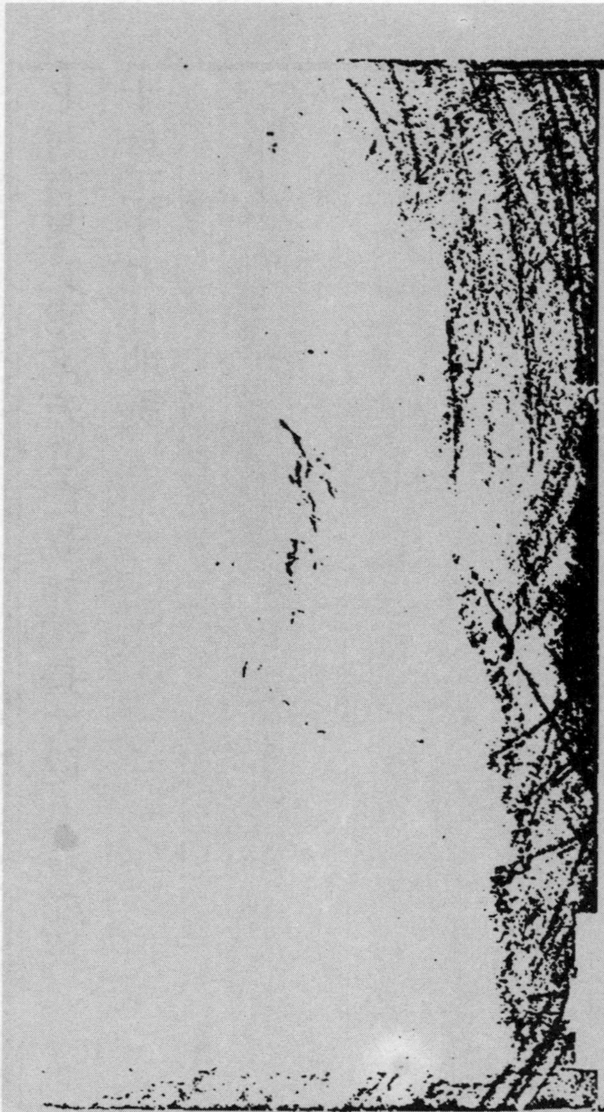

【嘉慶】福鼎縣志

（清）譚掄修　（清）王錫齡、高昊纂

福建省圖書館藏抄本

福鼎縣志卷七

雜記

盛世不修符瑞，聖人不言怪異，然災祥之説，經傳不廢，亦可藉以卜休咎而考鑑得失。至星殞石言，奇奇怪怪，爲搢紳所難言者，一邑中亦時有之，或見於昔人記載，或得諸故老傳聞，雖事涉神奇，而言有可據，存而不論可也。茲與災祥並彙爲一編，亦以廣見聞云爾。志雜記。

元至正十年五月，方國珍剽掠大小篔簹，宣尉司移

檄元師庖海率萬戶縣昭毅等往捕師潰於水澳
賊追至赤岸庖海被執州民四竄

明洪武二年溫州叛賊葉丁香由桐山寇州屠戮甚
慘官軍討平之旋大疫死者相枕藉又有虎縱橫
村落鬭傷人畜甚衆是年境內稱三災

正統八年十一月處州賊掠桐山

成化二十一年夏大水

二十二年大疫

嘉靖十七年海賊掠秦嶼各堡是歲大疫

三十五年十月倭萬餘攻秦嶼堡里人𥡴伯簡率衆禦之七晝夜不克伯簡死城上

三十七年四月倭攻秦嶼堡不克

三十八年四月參將黎鵬舉自崳山衝倭舟爲兩截擊沉其一追至三沙火跋山大破之

四十二年五月倭攻流江沙埕烽火把總朱璣率舟師破之獲首級五十餘

十一月參將黎鵬舉所部兵出哨流江假倭焚劫村落

四十三年四月參將李超破倭於水澳
天啟四年秋龍關太姥地震雨雹屋瓦皆裂
崇禎十三年大風拔木發屋
國朝
順治五年福安劉中藻等作亂攻福寧州屯桐山通
富户助餉官軍破之
六年大饑斗米五錢
十三年八月海寇陳文達焚刼塘底汀州人王柱夫
壽寧人馬興等剽掠桐山居民絕跡者三年

十四年有虎患大疫復作
四月海寇入澉城逼民助糧諸生王式金弗從死之
十七年里人曹角六高素卿赴督轅請兵禦寇十一
月發師勦之遂復以巡司汛官守焉
十八年十一月遷沿海居民於内地
康熙三年米價騰貴
七年總督趙公廷臣闢界展復三十里
十四年二月大水淹死男婦五百餘人
十七年海寇掠桐山平陽鎮把總王彪赴援奮勇進

劉歸至才堡嶺遇賊血戰死事聞予恤廕其子官

十八年海寇迭起復移居民內地疆畫原界

二十年總督姚公啟聖疏請盡復原遷沿海居民

二十六年大水漂沒民舍

五十一年大水淹沒田廬無算死者相枕藉

雍正七年饑竹産米

乾隆二年七月吳家溪山崩壓死七十三人

八月十五夜海潮大作魚蝦遊於秦嶼道上

八年十一月彗星昏見西方月餘始滅（嘉慶六年八月彗星亦見西方）

十七年饑二月匪民陳士樂倡劫富家案論罪有

二十八年大風雨雹屋瓦皆飛海水泛溢是歲歉

三十四年七月彗星見西方長丈餘

四十七年七月大水礦崩數十丈東城不沒者三版

漂溺田廬人畜無算

五十二年台匪林爽文作亂檄召浙江兵赴劉知縣

孝其涵募民夫運送器械時昇平日久人不知兵

聞師入境莫不惶懼中丞徐公嗣曾親臨彈壓軍

行以律閭里晏然

五十三年旱　六月地震屋壁劃然有聲　嘉慶辛未二月廿四日寅時地震如撼

五十六年雷震昭明寺塔

五十七年羣虎為患傷人畜甚衆自白琳至霞浦道
無行人鄉人設穽捕之獲二十餘始息

五十八年大有年

十月吳荊雲妻蕭氏一產三男

五十九年旱

七月雷震烽火門帥台

六十年饑

嘉慶元年正月初九日大冰

三月雨雹大如彈丸

二年九月夜星飛如織

八年大岳邨有毛蟲千萬爲羣大如姆指遍食松楸

至枯赴澗飲水人不敢迫視

十月五色雲見西方

九年十一月秦嶼獲異魚三大者八千餘觔小者千

餘觔

十年冬大有年

佚名纂

【民國】福鼎縣志

民國鉛印本

祥異 附

明

洪武二年大疫死者相枕藉又有虎縱横村落間傷人畜甚衆

成化二十一年夏大水

二十二年大疫

嘉靖十七年大疫

天啓四年秋龍門太姥地震雨雹屋瓦皆裂

崇禎十三年大風拔木發屋

清

順治六年大饑斗米値銀五錢

十四年有虎患大疫復作

康熙元年七月大水治城北數里外大橋墩崩去其一聲震數里

三年米價騰貴

四年鄉多猛虎往往撞壁跳牆取人而食日未晡人家皆閉門不出

踰年始平

十四年八月大水淹死男婦五百餘人

二十六年大水漂沒民舍

四十五年福建全省大旱鼎邑自五月十二日起旱至八月初五日

始雨雨至九月十六日始晴田園枯萎秋收僅得十之一二

五十一年大水淹沒田廬無算死者相枕藉

雍正七年饑竹產米

乾隆二年七月吳家溪山崩壓死七十三人　八月十五夜海潮大

作魚蝦游於秦嶼道上

五年三月縣初次試士時天陰雨三皷雷鳴雨忽霽見府志

八年十一月彗星昏見西方月餘始滅
十七年饑
二十八年大風雨雹屋瓦皆飛海水泛溢是歲歉
三十四年七月彗星見西方長丈餘
四十七年七月大水壩崩數十丈東城不沒者三版漂溺田廬人畜
無算
五十三年旱　六月地震屋壁𠜱然有聲
五十六年雷震昭明寺塔
五十七年羣虎爲患傷人畜甚衆自白琳至霞浦道無行人設穽捕
之獲二十餘始息
五十八年大有年　十月吳荊雲妻蕭氏一產三男
五十九年旱　七月雷震烽火門帥臺

六十年饑
嘉慶元年正月初九日大氷　三月雨雹大如彈丸
二年九月夜星飛如織
八年大岳村有毛蟲千萬爲羣大如拇指遍食松楸至枯赴澗飲水
人不敢逼視　十月五色雲見西方
九年十一月秦嶼獲異魚三大者八千餘觔小者千餘
十年大有年
十三年夏　文廟雷震霹靂二十餘聲梁柱盡裂
十四年八月彗星見西北方
十六年八月連日地震　九月彗星見天市垣光射紫薇掃三台月
餘始滅
十七年五月福甯屬大饑絕糧山出土如粉可以充食俗呼觀音米

是時秦嶼富民引臺灣米十餘船賑濟四鄉賴之通志
二十年九月十二日夜地大震三次屋舍有傾覆者
二十一年三月二十一日天灑紅雨數行色如酒　六月店頭火延燒房舍數十間是夜縣城鹽倉災越日店頭再火延燒如前是夜鹽倉亦災
道光二年四月十五日天見藍虹是歲大疫
三十年二月雷迅雞生四足以上通志
十四年六月淫雨近溪水漲丈餘田園民居多漂沒
十五年旱田出菰禾稻盡槁鄉民采野菜充飢
二十四年冬大寒堅冰盈尺山木枯折
咸豐三年三月初六日地震有聲如雷從西北至聞者頭眩桐山溪撳鱍魚蝦跳躍日凡數次初七八九十日皆然十六日巳刻又大

震占者云有水災六月十八十九兩日大雨如注二十二日午後平地水漲至夜二更稍退三更後復大漲高二丈餘縣治城圮壩壞廨宇倉廒均被浸民舍漂流各鄉田園淹沒山多崩裂民居被壓尤死者無數多是年米每斗三百文以上飢民羣起奪食撫軍以水災入居蠲免全邑本年應完糧米十之七又永遠豁免被水冲陷田銀一百二十兩有奇米九十八石有奇

四年五六月間旱又饑道路餓殍相望繼以大疫流行十不救一街市棺木一空

七年七月十六日大風雨海潮溢田稻園薯多傷

八年　月彗星見於北方

九年十月十一日寅刻地震

十一年五月初七日起不雨七月二十六七乃雨吾邑及鄰近浙平

浙平諸邑俱大旱故其冬有金錢會匪之亂
同治四年四月地震六月旱田生蝥賊
五年　月潮退既久忽大漲浪高數丈沿海貧民之拾取蜃蛤者淹
沒無數父老相傳爲龍浪
六年八月地震
七年五月地震
十一年七月大旱溪澗盡涸石瀾池中忽發火瀕者幾斃自巳至申
火乃滅（鄉土志作五年夏）
光緒八年　月彗星見於東方
十年　月地震
十一年十月十八日地震
十二年正月二十二日辰刻地震二十四夜又震屋瓦有聲

十三年四月二十四日狂風雨雹田園廬舍多遭損壞
十四年正月初八日寅刻地震
十五年旱田穀不登米一升賣銀二分
十六年五月二十八日颶風大作廬舍被折者甚多六月初一日風
又突起較前尤烈商漁船隻收避不及死者約有千人總督卞寶
第奏請發帑賑給
十八年七月彗星見於西方月餘始滅　十月初七日午刻地震
十一月二十七八兩日大寒溪澗氷堅尺許人可行其上沿海港
汊有水皆凝山中竹木大半枯折人畜至有凍死者
十九年三月二十日雨雹　十一月大雪樹木被折三分之一
二十二年六月初三日雨雹八都樟樹損傷獨多　是夏旱
二十四年夏旱至八月十六日暴雨四野水高丈餘田廬人畜漂沒

無數

二十六年正月初三日下午現紅色　是夏旱穀價昂貴

二十八年　月嶺外各都有異獸晝伏夜出攫食園薯無算尤喜食死尸之新瘞者鄉村夜戶爲之早閉旋守圃諸丁壯鳴鉦持械追之獸乃渡海去

二十九年六月二十九日大水護城壩壞

三十二年夏大旱　八月十五日大風拔木發屋閱二時雨下風乃止

三十四年六月彗星見於東北方　八月十八日烽火營火葯碓災兵丁焚死者七人

宣統元年四月彗星見於東方　七月初二夜海潮陡高二尺許隄防被毀田禾損傷無算

二年三月初二日夜有異星見於東南方　八月彗星見於西方經兩月餘始滅

三年正月初一日辰刻水郊鄉紅雨片時兒童以盆承之色如胭脂點水經久不變　秋桃李華　九月十一日有星如甌大見東北方金色閃爍射目上有白刹二經七日乃滅

民國

元年四月雨雹大如桃李實園蔬畜牧多受傷　八月廿九日颶風大水

二年秋二十都有嘉禾之瑞　同年十一都紫萊岐周姓婦一產三男兩乳下忽又腫起兩乳

四年大稔

六年三月一日地震　六月十七日雨雹

七年二月十三日午刻地震屋壁動搖缸水如沸垣牆有傾頹者

八年二月三日大雪深二尺有奇經數日始消溶畜類多凍死　五月一日雨雹是月十二三都桑園鄉某姓田插晚甫十日生穀刈之可食　八月廿五日起大風雨三四日始平田禾多傷米價騰貴

九年六月五日下午地震　九月四日大風雨山石崩墮廬舍人畜多漂沒點頭一鄉尤甚是秋田穀歉收兼以冬雨連旬薯米損失極多

十年四月黃霧彌天數日麥葉及穗生粉色如雄黃過隴間者衣多被黏麥大減收夏饑城鄉多賴采糴以濟　七月大旱民益困多取樹皮草根充腹甚有烹吃毒草死者自春徂秋男女幼孩痘疹殤亡及販賣外方者萬計其慘狀爲建邑以來所未有　十一月

十五十六兩夜異星亂墜　冬大稔

十一年七月　日雨雹　九月十一日風田禾損失及半十四日卯刻地震墻屋有傾頽者　九月廿九日平地水漲溪岡壩崩橋折各鄉村人民廬舍田園墳墓多被漂沒

十二年八月十日大風浪漁船漂溺無數　九月海潮爲災先是四川有唐煥章者創造神話云八月十六日（指舊曆）兩曜失明地震海嘯全國當有陸沈之災謠傳四遍是秋適有日本火山裂發之異以故信之者衆鼎人莫不備置乾食藉延殘喘及期不驗惟十月八九兩日（爲舊曆八月二十九三十兩日）海潮異常暴漲田園廬舍被浸者指不勝

十四年六七兩月邑中因青黃不接待哺者衆城鄉均設救荒維持會　八月廿八日大水衝決橋梁頗多

十七年八月大風雨黃岐山崩男婦壓死者十數人
十八年冬積雨數旬薯米收成僅得十之二三
十九年二月太姥石笏峯崩聲聞數十里有黑煙起數十丈逾時乃散春夏間因去冬薯米歉收兼以地方甫經何匪刼掠各都鬧荒盜起至有槍殺者幸藏穀及新收豆麥差足支持民無大害十月某夜有大魚乘潮入秦嶼淺海潮退不得出鄉民爭以刀斧剮之重量不知若干賤賣其肉約得銀二千圓魚亦不知何名頭上有噴水管時噴水數丈一頦骨長丈餘或曰鯨也　冬大有
二十年八月十日大風自夘至午山木民居多遭摧折男婦有被壓者商漁船隻覆没尤多爲數十年來未見之大災福甯旅省同鄉會電請政府賑給踰年前省長薩鎮冰又賚賑災局金幣前來賑給

二十一年四月五夜大雨雹田園瓦屋被損者數十里此次雨雹大者如盌小者如盃以正西及迤南各區爲尤甚三月末甫遭匪禍及此又重受損傷聞者莫不酸鼻

【康熙】羅源縣志

（清）王楠修　（清）林喬蕃、王世臣纂

清康熙六十一年（1722）刻本

數田疇船舟陷沒不可勝悲　二十一年自三月雨至閏四月終溪流泛溢湧入城市湮沒廬舍浸漬倉糧文卷淹溺民畜害傷田稼不可勝計繼復大疫　嘉靖十年五月地震有聲　十五年二月又地震　十八年閏七月十五大風至十八又作颶風拔木覆舟　二十一年六月大雨洪水異常淹沒人家山崩沙壓田地二十二年九月旱至次年六月始雨　三十七年倭寇萬三千餘破寧德縣由七都抵羅在城外遠宿窺見上土馬雲屯倭驚不敢攻掠經三宿而去時人傳爲先鋒顯蹟云

萬曆元年三月堆禾山鳴三日每日鳴七八次　七月地震如雷　三十八年三月下黑雨　三十九年羣虎傷人知縣陳民謙督番民用毒矢弩殺死西頭方息　四十五年七月十二午五色雲見西南方越一時而散　泰昌元年大稔斗米三分　天啓元年天堂山連鳴三日　七年十二月上分司失火延及司庫所藏火藥火焰衝突街市行人盡中毒焰即日死者或延數日死者不下百人時被火之人有俯伏于地或伏溝壑而目未傷者尚可醫救有一時跳溪衝水者無不致死

崇禎元年旱荒鄉民多以竹米充飢 八年雷擊館閣黃
家媳婦紡女在樓無恙 十一年四月二十五日海邊
鄭家屋後山上大石崩墜壓屋五間時適有外方和尚
身高常人二尺門口街中說法男婦爭出觀看幸免其
厄 十四年正月天雨黃水 七月初一晡怪風大作
海鰍擁死六十四人 十五年群虎為災 十二月初
五夜東南方飛出一物電光烱爍聲若雷鳴歸西北方
十六年旱九月十八夜地震有聲二十二日復震 十
七年二月又震 四月二十一日城隍井鳴 國朝順

治四年土寇尤元表招集汀州無賴及隣邑鄉民爲盜攻陷縣城勒索殷實助餉一時聚財累萬甫入城內即焚燒東門一帶故家大屋至九月各鄉率集社兵圍城攻打凡三晝夜焚北門城門而進賊走飛竹奶嶬緝獲舁縣抽腸細割而斃餘黨或殲或逃先後授首無算蓋民遭慘虐故恐如是而甘心焉　五年戊子奸商籍船盤糴每百斤芒穀騾貴至三兩以上人將相食山海物力價增數倍一時兵荒游至人心惶惑　十一月初二夜妖星見西北形似箒乍伸乍縮忽光忽暗至　十二

月二十昧爽我師突至踞城諸黨乘機乃遁　十年癸巳五月天忽大寒老弱倘煨火爇棉　十三年丙申五月菊花盛開　十二月二十五海寇大舉攻城遶城數匝營兵僅三百人時通縣驚惶治村重足斗大孤城頼知縣陳欽如營將李應先守備郝三桂貼防把總陳忠戮力防禦方得固守時募死士吳二乃朱亥之流扮乞人賫蠟書跳越賊營到省請援二十八晚阿太人統兵到縣而賊衆聞風已退奈欲乘勢追滅竟趕至護國三層了橋險嶺峻馬蹄而失我師敗囬惟數騎伏于潮格

賊追至洋中首尾夾攻捧命死戰賊死無算阿大人竟輿尸以歸 按當時海寇臨城城如累卵知縣陳欽如身當危急募人請援惟取文書一幅畫一圖中寫雞源縣三字用一顆印圖密寫賊字三層密封上投上臺見之以爲文不及辦危急甚矣乃即時發兵而來

是年正月大雪積至五六尺 八月大水渰至二行坊

順治十七年海寇沿邊索餉賢一二拜井皆爲賊藪又山寇盤結隹湖山重上下化一二豐上下林洋皆被寇踞公差得行者惟臨濟徐公楙溪羅平而已及至上地設營防守得要山賊頗熄 十八年因海寇播虐濱海地方脇民出餉因遷沿海居民于内地遷民失業又兼米

穀騰貴採蕁茹荼流離失所不計其數

康熙三年羣虎播噬傷民實多豐上下更甚　四年彗星見西方占云主丈田地隨果丈量　十一年冬地震十二年秋白氣見西方形如長劍　十二月初一地震數次連震數日　十三年三月十五耿精忠反于福州殺戮忠良十七日本縣兵變刼掠城內人家一日一夜遭刼殆盡　十四年秋耿逆藉民爲兵三丁抽一地方激變差僞官李似桂到縣嚴鞫生謝開日倡亂生員丁允昌王成大議價抵兵不順其令南門外生員鄭兆弋把

持烟夫俱已擬斬幸天震怒將拜格出門颶風大作拔木拆屋衙署傾頹于是只梟開日于市其餘臧等枷責內有吳實升生員兆弋俱斃于枷生員丁允昌被責身亡道縣覓焉　十五年九月康親王統師入閩十二夜信到百姓如死再生內外歡呼越數日逆兵北旋所過鄉村尋擄剝掠時賴防守官郭標巡緝嚴密縣城乃免

康熙十五年十二月　詔免十六年分并以前錢糧　十七年秋海寇焚掠五里渡及港頭起步一帶民居　十八年再移展復居民于內地　十九年大水淹沒田廬

十年總督姚啓聖疏請盡復原遷沿海居民時遷民之僅存者不過十之二三已一自復回故土刈茅爲舍以佃以漁皆姚公開復臺島鄭清鯨鯢之賜也但新增漁稅一百八十兩亦因征臺啓之至今爲例　二十五年九月　詔免本年未完錢糧并二十六年上半年二十七年下半年錢糧　三十年三月十七地震泥土上忽生有毛　秋蝗爲災潮水驟溢渰死五里渡陳家男婦三口　三十三年正月南門外火發燒幾十三家知縣張四維各賑銀一兩　三十七年知府遲公維城葺院

立毀五帝聖王各淫祠毋令左道惑衆　三十六年正月念九夜有星如篲在天中尾向西南　四十一年八月十五下雨忽然大寒夜分蓋棉煨火土人云雪峰寺山中有雪　四十四年十月地震　四十五年春夏鼠多秋苗盡遭吃絶凡三播俱遭傷害冬止半收　四十六年三月初八初九兩日午時日重暈初九初十日月重暈春夏秋飢民多食蕉根野菜幸有商販海運米穀民賴得糴以濟　四十七年春群虎夜夜入市三月遊擊陳騰龍二次率鎗手殺獲二隻南門外人家亦打死

一隻小橋鄉民前後打死三隻虎患遂息　六月火燒
塔兜街四十餘家亭塔俱燼燒死僧人慧志　七月二
十申時有星數百甚爍排列甚齊如晃旒一般自東適
至金鐘山後老人云是星墜　四十九年十月
詔免四十八年以前積逋仍免五十年全年錢糧　詔所
免田糧分佃戶三分之一　五十六年五月初四日雨
礦金鐘山頂石壓土崩其聲如雷

【道光】新修羅源縣志

（清）盧鳳棽修　（清）林春溥纂

清道光十一年（1831）刻本

新修羅源縣志卷二十九

祥異志　人瑞　兵警附

景星慶雲盛世所以稱瑞堯水湯旱帝王不諱言災蓋天道也而人事係焉我

國家和氣所蒸不遺僻壤顧嘉禾瑞麥獻頌者未　進而偶有災告輒蠲租賑粟使者相望於道又未嘗不藉以修省焉然則本堯典欽若之意念春秋蔵召之機亦執筆者所必及也志祥異

唐

建中三年二月大旱井泉竭人疫死甚衆

宋

天聖四年九月雨水壞民屋

元祐八年大風海潮溢沒田疇

大觀三年旱

紹興三年春饑斗米千錢　六年又饑

隆興二年正月地震

乾道三年八月大雨霖禾麻菽不收　六年夏旱

淳熙十一年旱

紹熙二年夏霪雨兩月

嘉泰二年六月雪　七月大風爲災

開禧元年旱
嘉定八年旱　十七年五月大水
淳祐七年水
寶祐元年旱
咸淳十年十月地震
德祐元年三月地大震
元
元貞二年饑
至正十四年大旱饑人相食　二十一年正月有蛺蝶自
建中來黑首彩翼大小千百爲隊人稱蛺蝶軍邑人陳鈞作蛺

蝶軍行云蛺蝶軍蛺蝶軍翩翩何來千百羣不思卉芳媚花舟爭插鬧何燈塵昏嘴如劍鋒翼五彩或大如鵬小如鳩亂飛椎集惡人疾引隊不棲君子室固知天意遣爾來要警斯世草狼豺我思四海皆春臺舞拍翅板爭徘徊君不聞鳳鳴岐山聖人作麒麟游郊藪出維況今盜起猶逆蜂蛺蝶何能去殘虐想渠戰鬼新含寃化爾異類生涙言錦城紅紫已塵土我亦無路尋桃源蛺蝶軍果有用早復山河歸禹貢紛紛世事奚足憑閉門且作非周夢

是年有虎災

陳釣猛虎行云南山白額誅不盡醜類繁滋食民命眈眈八九道路間晚血脣牙利鋒刃荒城落日啼羣烏烏過處草木拔橫行攫人恣爲虐聞者碎易驚相呼白頭父老道旁哭昨夜前村尖貞嫠家惟一子賴倚依豈料今朝葬其腹野人聽語心膽傾時危怪物尤猙獰下車馮婦不世出張弓周處何時生披雲直欲與天語不產麒麟生暴虎林林民物各有生大德好生豈容汝嗚呼四郊戰骨高如山汝類吞噬仍兇殘安得劉昆賢守生今日驅之渡河側其跡

二十三年有猛獸

非虎非羆謂之駁馬出縣南北山下傷沿山居民百餘

家　二十七年十月雷雨地震　十二月又震有聲如

雷

雨

成化十九年六月大風雨拔木　發屋覆舟官民田廬盡壞

民衆溺死　二十一年自三月雨至閏四月溪水入城

市漂廬舍倉廒簿牘民畜田稼盡淪　十月地震自西

北有聲　二十二年春旱五月大旱禾稼不收繼復大

疫

正德十四年七月初五夜海水逆溺沒民居

嘉靖五年九月十三日辰時地震　十年五月十八日丑

時地震有聲　十五年二月二十七日戌時地震　十八年閏七月十五日巳時大風十八日颶風覆舟溺死無算　八月十六日未時假山巷火延燒草橋西房屋五十餘家　二十一年六月十二日大雨水溢屋漂山崩田畝多爲沙壅　二十二年六月十一日大風發屋拔木覆舟自去秋不雨至是始雨禾麥不收民多流亡　二十三年正月二十一日巳時地震　六月十一日巳時大風拔木濱海民多溺死

萬歷元年三月鑑江堆禾山大鳴三日每日鳴七八次是年八月邑人尤光被發科　七月十二日地震如雷　五年十月朔

酉時有星見西方白光丈餘落南山　十九年八月十五日潮溢自南陳橋至南岸壞田三千頃　二十一年八月朔晚大雨暴風潮湧壞民田覆舟溺死無數是夜五鼓彗星見北方十日始滅　二十八年九月二十二日雨至十二月方止是月十一日夜地震如雷將旦震亦如之　三十七年八月八日大雨連日潮湧山崩城垣田屋崩壞無算　二十九日夜地震異常居人如坐浪舟　三十八年三月十日下黑雨　三十九年羣虎傷人知縣陳良謨禱於神督僉民用毒矢射殺四虎患方息　四十一年夏旱　四十五年七月二十日午後

五色雲見西方越一時始散

泰昌元年大稔斗米三分

天啓元年八月二十二日天堂山鳴三日　二十五日起

社壇井水鳴越四日邑人黃文統鄭國佐先後報捷　七年十月十六日

申時草橋火延至溪尾後張巷止　十二月初旬辰時

上分司失火延及司庫火藥並發殺人無算北街民居

燼焉　八年九月十二日午未申時有黑光盪日

崇禎元年旱林洋鄉間竹出米民多採以充饑　二年二

月八日四明山崩　六年七月初二日申時雷擊水南

宮三柱皆裂　八年正月二十一日雷擊館角黃家婦

懷中幼女無恙　十年六月朔未時地震　初五日未時大震　十八日戌時又大震　十一年四月二十五日淇邊鄭家屋後山大石崩墜壓屋五間時適有外方和尚身高常人二尺沿街說法男婦爭出觀之以是免死　十四年正月二十八日夜雨黃水　三月四日大霧連日黃沙蔽天　四月三日申時大雷雨大穫震死者二人　七月一日酉時怪風大雨沿海村民淹死六十四人　二十九日酉時西門火延燒三十餘家　十五年正月十四日淫雨至二月七日方止　三四月間鄉間屢有虎患前後擒殺七虎始息　九月二十七日

酉時東門外火延二百餘家　十二月初五日戌時有怪物飛出東南方電光燗爍聲若雷鳴向西北方去　十六年春旱　九月十八日戌時地震有聲　二十二日丑時復震　十七年二月五日辰時地震　四月二十一日寅時城隍廟井鳴　六月二十七日子時大風

國朝順治五年十一月二日夜妖星見西北形似笏乍伸乍縮明暗不常　十年五月大寒如嚴冬老弱煨火蓋棉　十三年正月大雪積地五六尺　五月菊花盛開　八月大水

康熙三年羣虎傷人豐上豐下更甚　四年彗星見西方

占云主丈田地隨果丈量　十一年冬地震　十二年秋白氣見西方形如長劍　十二月朔地震數次連震數日　十九年大水　二十年三月十七日地震主生亡　秋蝗　潮水驟溢浴五里淹陳家男婦三人　三十三年正月南門外火延燒十三家　三十六年五月念九夜彗星見尾指西南　四十一年八月十五日雨大寒雪降青山中有雪　四十四年十月地震　四十五年春夏田鼠食苗三播俱遭傷害冬日半收　四十六年三月八九兩日午時日重暈九十兩日月重暈　春夏秋饑民多食蕉根野菜幸有海運設法民賴以濟

四十七年春猛虎夜入市二月遊擊陳騰龍督兵民捕之前後獲六虎患遂息　六月塔兜街火延四十餘家亭塔俱燼僧慧志焚死　七月二十日申時有星數百燦列如毬旋自東逾至金鐘山後而沒老人云是星車

五十六年五月四日雨蒲金鐘山石墜土崩其聲如雷

雍正四年秋大雨溪水溢田畝盡沒

乾隆二年六月二十七日驟雨城內水漲下水關崩水始洩　十五年冬破石洋竹生米　十六年七月大風雨

二十八年正月二十九日夜地大震　四十年七月十一日夜至十二日颶風大作　四十二年七月十日

颶風　五十年十月西門火　十二月二十四夜東門外火　五十一年二月尙德鋪溪尾宮田裏火　十一月溪邊下火　五十二年正月初四日苑亭角等處火　五十三年頭門大堂火　五十四年五月館角街火　五十五年正月初三夜雨雪積地二尺餘　夏夜有星自西北墜東南狀若個燈四面有流蘇光彩燭天聲如鳴鼓八月爲大鼓　五十七年四月李園坂火　六十年八月東門兜火

嘉慶二年十一月衆星亂飛自酉至亥始定　四年大雨颶風壞城垣塌口九處次年亦然　九年七月雨赤荳

十二年七月十九日申刻雨雹　十四年五月三日大雨溪漲至西城跟二尺餘　十七年六月淫雨西南城垣多圯　二十一年正月初四夜雨雪積盈尺　五月八夜癸賢鋪半街火延燒店屋六十餘間　七月孝山鳴　初八夜大水漂沒先鋒廟及西南關南亭橋頭等處民居男婦溺者十三人　八月三日潮溢東門外塘田　二十二年六月十九夜風雨大作傾塌西城數十丈拔木發屋　二十四年七月天鼓鳴　二十五年二月二十一日申時日有重輪下有五色雲一片　六月有星如椎光芒四射半月方息　七月豐下里孟家

廳堂磉石突有流泉湧出半月方息　八月柚花重開

十一月二十四夜鑑江火燒死婦女三人

道光三年八月淫雨初五夜颶風大作傾折南門城樓

五年八月十七夜天上有聲如鼓流光照耀自西北直

射東南　次年旱　六年十二月水南尾火　七年正

月孝巷火　十二月李樹重實

人瑞　附年九十以上累受　恩榮或夫婦祖孫父子兄弟皆壽者均爲佳話附於百歲之後

明

沈邦榮臨濟里人年百有二歲庠生汝忠其孫也督學何

公有百歲人瑞之旌

尤紋號樂山居鹽江年百歲孫衍宗年九十九歲
陳艮韶字仲聘東隅人妻阮氏西隅武淸教諭文埧女夫
婦俱九十二歲
鄭鉦臨濟里人中年失偶不再娶年九十時子濬爲鎭海
衞教諭年已七十同官晉江林嘉贈以詩曰人生七十
古難全況有喬齡九十年談笑眼前無故舊往來膝下
有曾元朱顏不改原非藥綠鬢長生疑是仙更羨震男
雲路遠萊衣戲彩畫堂前後鉦年九十五嘉靖間恩舉
德壽
鄭漑字子仁濬兄邑貢生來賓教諭年九十七歲妻黃氏

年九十九歲
鄭應豳年九十女三長夢桃適游瀫年九十一次夢蓮適林鳳朝年九十二季夢菊適國學生黃世譽年九十三
鄭良杜瀫之子妻林氏俱九十三歲
鄭良土瀫之子年九十三歲
鄭深濬之弟邑庠生年九十九歲
鄭瀓年九十三歲子璞邑庠生亦九十二歲
國朝
温道基彭洋人六十八歲娶妻生子九十抱孫三受
恩榮年九十九歲

黃崇志豐上人三受　恩榮年九十七歲

林光緒豐上人兩受　恩榮年九十五歲

葉氏西隅里林見知妻年百歲媳黃氏年九十三歲

黃氏拜井里鄭奕輔妻年百歲三受　恩榮曾孫觀光歲

　貢生超元武舉人

吳氏賢二里尤瑞昜妻年百歲

林氏名壽妹豐下里張訓周母年百歲

陳寧如徐公里人壽九十七弟宗如壽九十六邑令廖贈

　以扁曰齒躋杖朝

吳士馨賢一里人壽九十六弟士价壽九十四

林朝岐臨濟里人士馨之甥壽九十三弟朝廣壽九十四
林廷揚西隅里人妻張氏夫婦俱壽九十四
周仍禎賢一里人壽九十八
鄭天祿臨濟里人壽九十七
卓武城豐下里人壽九十七
吳廷桐賢二里人壽九十六
黃孔珠羅平里人壽九十六
鄭與友臨濟里人壽九十六
黃士鐸東隅里人壽九十六
李亮貞賢二里人壽九十六

董建乾徐公里人壽九十六

丁紹祖東隅里人壽九十五

王開榮賢一里人壽九十五兩受　恩榮邑令倪贈扁曰

恩詔重沾

鄉賓游天澄賢二里人壽九十邑侯胡贈扁曰淳厚可風

胞兄爲章壽九十八胞弟邑庠生鳴魁現壽八十八

姚學古拜井里人壽九十五代同堂

蕭照子重下里人壽九十五代同堂

黄有昌重下里人壽八十三五代同堂

兵警　附

宋

建炎二年六月建寇葉儂攻福州寧德羅源皆遭焚掠蕩平其亂者孟庚韓世忠也請旨者知福州程邁也

元

至正間江西賊王善寇閩破羅源分道寇福州

明

正統八年沙尤鄧茂七作亂福州山賊應之劫縣十餘次至古田永福閩清處州賊亦起次年大軍至勦滅之

成化二十三年賊劫縣庫官軍尋獲之

嘉靖十八年十二月二十四日有盜二百餘人至西門外

時知縣謝晏以事往河洋典史徐洲督兵禦之盜遂沿
梅嶺至起步人家劫掠宿於潮格殺食民畜殆盡
十九年夏五月盜謀劫縣不果抵連江劫掠殺人還至
黃坂典史徐洲統兵擊之
三十三年倭寇二百餘來自定海繞東門入寧德
三十七年倭寇萬餘破寧德而來宿於城外署令武瀛
守禦之焚北門外崎柄東野民房使賊無所屯聚是夜
賊見城上士馬雲屯乃先鋒顯神也遂驚遁
萬歷二十六年浙賊夜明火越城劫人家典舖典史葉孜
擴捕獲無遺

崇禎十三年十一月賊夜劫城中典鋪
國朝順治四年土寇尤元表倡亂陷縣城焚東門索餉九月鄉兵集環城攻之三日焚北門而入寇遁追獲醢之五年奸商駕船盤糴每百觔芒穀價驟貴至三兩以上人將相食至十二月二十日昧爽我大兵突至踞城奸黨乃遁
十二年十二月二十五日海寇大舉圍城縣兵不滿三百知縣陳欽如營將李應先守備郝三桂把總陳忠戮力防禦募敢死士吳二賫蠟書越賊營到省請援越三日阿公統援兵至賊退追之至護國三層嶺橋險嶺峻

馬踣而失我師敗奔惟數騎伏於潮格賊反追及洋中伏起奔兵亦反戰首尾夾擊殲賊無算阿公竟輿尸以歸

十七年海寇沿村索餉賢一賢二拜井者爲賊藪又山寇盤結佳湖山重上重下化一化二豐上豐下林洋諸村皆被寇踞公差得行者惟臨濟徐公梅溪羅平而已

十八年調遷沿海居民於內地遷民失業流離者不計其數及至上地設營防守得要山賊頗息

康熙十三年三月耿精忠反於福州十七日縣兵變劫掠城內人家一日一夜

十四年秋耿逆籍民爲兵三丁抽一致激民變僞曹李
似桂到縣嚴鞫坐謝開日倡亂其餘生員丁允昌鄭兆
弋王成大吳道升俱擬斬將拜啓颶風大作拔木折屋
乃只梟開日於市餘減等枷責然亦相繼刑斃
十五年九月 王師入閩民得再生越數日逆兵北還
所過剽掠防守官郭標嚴緝之
十七年秋海寇焚掠五里渡及港頭起步民居
十八年再移居民於內地
二十年總督姚啓聖疏請盡復原遷沿海居民

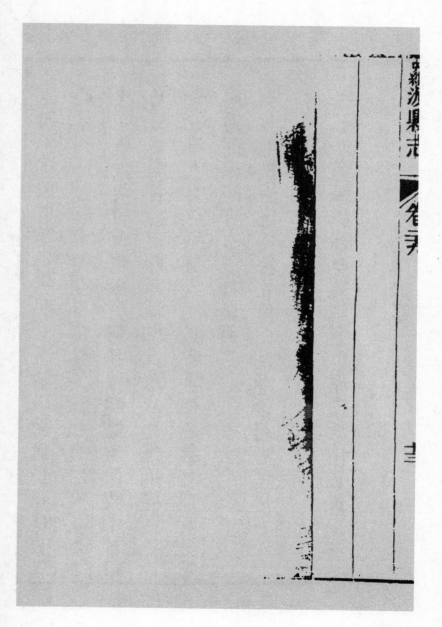

【嘉慶】連江縣志

（清）李葊修　（清）章朝栻纂

清嘉慶十年（1805）刻本（卷四抄配）

連江縣志卷之十

雜事上　灾異

甚矣天道人事之互相倚伏也天道有常亦有變人事有治亦有亂變而以小心處之則變不失常亂而以鎮靜安之則亂可爲治古之人防患於未然弭亂於機先故兆雖形而有驗有不驗也郡邑志乘灾異寇變在所必書非徒縱觀往事亦用垂戒後人上囘天道下順人心覽斯志者將有見小慮大覩微知著之思焉志雜事

唐大歷二年秋大水

建中三年夏大旱

貞元六年夏大疫　十二年夏大水

開成三年夏蝗疫

五代唐長興四年地大震有聲

景德二年颶風爲灾

宋天聖四年秋九月大水壞民廬舍詔賑恤之

元祐八年颶風湧潮自沿海至縣治田疇盡没

大觀三年旱

紹興二年大饑斗米百錢　六年春饑詔賑之

隆興六年正月地震自春二月至秋八月旱種不入土大
饑詔賑之
乾道六年夏旱
淳熙十一年大旱自夏四月至秋八月不雨　十二年饑
命守臣賑之　十五年大水　十六年夏四月霪雨
紹熙五年秋冬霪雨禾不穫
嘉泰二年夏六月大雨至秋七月　三年夏瑞麥生一本
四五穗
開禧元年旱

嘉定十三年大饑民取草根爲食　十四年旱

嘉禧四年旱

咸淳八年夏六月大風

德祐元年春正月地大震

元延祐四年秋九月嘉禾生一本兩穗

至正二十三年春正月虎入縣治

明宣德八年春正月攴筆山鳴

成化十一年大饑斗米百錢　十八年秋七月甲午烈風

大雨至戊戌洪水橫溢壞縣署黌宫倉厫壇墠及民居

溺死人畜無算　十九年夏六月颶風大雨拔木發屋
壞田禾没人畜無算九縣同日皆然　二十一年春三
月雨至閏四月溪水漲溢漂没官民廬舍人多溺死繼
以大疫　冬十月地震自西北有聲　二十二年旱大
疫　夏六月甲午地震　秋九月丙寅又震

宏治十二年饑

正德四年地生白毛焚之有髮氣　冬十二月大霜龍眼
荔枝樹盡枯　十二年夏地震有聲五日乃止

嘉靖五年大旱自夏五月至秋九月不雨無禾知府汪文

盛奏蠲歲賦是冬十二月火自義井延宏路西及大街

十三年秋大水　十八年秋閏七月颶風拔木折屋

二十一年夏六月十一日大風雨溪流暴漲縣治水

深丈餘城壞十之四屋舍漂流人畜溺死無算　二十

二年夏四月地大震虎入縣治　二十三年春正月地

震夏旱秋饑巡按御史何維栢賑之何公粵東海人後以劾嚴嵩被逮士

民送之哭聲載道　二十四年夏大饑民食草根時斗米銀一錢民無糴處餓死

甚衆　二十九年夏五月庚辰地震壬午又震雷擊明倫堂

柱　三十年春三月大堧墩石隕有聲如雷色青　三

十一年地生珠大如綠豆着手輒碎　三十四年夏四月文筆山鳴冬十二月平地雪深尺餘　三十五年春二月大雨雹三月壬午地震是歲有黑眚見數月始息時民間訛言有海騮精狀如螢着人衣裾即死城中人家擊金鼓如防巨寇夜不帖席有道士市符活之有司疑即道士所爲也將置之法道士逸去怪遂絶　三十八年春饑　四十年春夏海濱大疫　四十一年十一月丁酉冬至地晝夜九震己亥復雨震　四十三年夏四月地震秋八月大水山崩冬十一月大雪　四十四年冬十一月大雪山谷深四五尺　四十五年春正月朔夜地雨震

隆慶二年夏五月地大震　五年夏旱自四月至六月不雨

萬歷二年秋八月地震有聲起自西北山石皆隕屋宇傾頹　三年秋八月縣治妖火數發九月務後延燒三十餘家鄉皆集衆爲備或徙器物虛其舍避之久乃息

九年秋七月大水壞城郭官民廬舍　十年夏四月菊蓼木芙蓉有花　三十九年秋大水沙伏寶華巖前路高五尺　四十六年秋夜分東方有雲赤白色形如刀長丈餘數月始消

泰昌元年大有年

崇禎九年冬十二月大霜荔枝龍眼樹盡枯　十年秋七月浦口滕家地湧血噴激丈餘是歲奇達民吳魁妻一產四男皆不育　十三年夏四月拱頭龍津潮水大進赤如豨血　十四年秋七月朔颶風大作有火光發屋拔木傾縣署譙樓壞民居無算　十五年冬十月至次年夏大疫人民多死

國朝順治十二年春正月望大雪平地深三尺　十四年大旱自春三月至秋七月不雨　十八年奇達北茭黃

岐上塘海潮湧進作十餘次而滿是歲調遷沿海居民於內地江南浙江廣東福建四省近海者皆遷之

康熙元年壬寅大饑遷民多死　二年秋八月文筆山五色雲見　三年春大旱秋七月大水八月饑民食草根十一月縣署火是歲虎五入縣治搏人於市時邑令周雲龍會壘民謠云虎不渡河偏入縣風能返火却焚衙　五年雷擊縣堂柱六月保安里鯉溪龍昇天　六年夏五月二十四日龍起西郊金鐘潭鱗甲皆見從西北去是日午刻潭中烟霧忽起梅洋山雲隨至龍乘之薄不能載又飛濃雲一片遂飛舞而去　七年春正月有星如刀見西方經旬乃滅

秋七月大水　十一年春保安里山鳴冬地大震晝夜十餘震自十月十七日至十二月二十一日乃止　十二年春正月大雪夏五月旱至秋八月不雨　十四年秋七月二十六日大風瓦石皆飛折化龍橋亭毀官署民居九月大水是歲萬石民家地忽湧泉壞屋壓死者五口　十八年春馬身庄邊有石發火自燃燬爲數段是歲穀價騰貴石逾一金　十九年秋大旱冬十一月有星芒如刀長數丈見於西方經旬乃滅　二十年秋大旱至冬十二月不雨　二十一年秋大旱是歲邑人

楊仲熙妻周氏一產二男一女皆不育　二十四年春旱及夏始播有蝗六月虎入縣治十一月冬至地大震　二十五年夏四月海濱雨雹大如彈閏四月安德里鑪山五色雲見冬十二月二十日雷發聲　二十六年螟害稼　三十年春旱三月十七夜地大震有白毛出土上焚之有髮氣日中雨絲長數尺將著地輙消秋閏七月初四日颶風發屋縣治洪水高五尺夜半地震十五夜大風雨二十九夜大風又作海水暴漲沿海人多溺死海人云是海嘯沿海諸邑皆然　三十五年大旱自前年冬不雨至

是年夏六月六日始雨　三十八年秋八月十五日地
雨震十七日大水冬十一月二十二夜虎入縣治　四
十一年旱　四十二年又旱皆自春徂夏不雨　四十
八年春二月龍起金鐘潭風雨大作拔通濟橋南塔尖
經東岱百勝而去頃刻復晴縣治之北五里許風雨不
及故老云上至金鐘潭下至漁滄浦常有烏鯉潛其中一鯉升天則一鯉鎮之每二三十年一見
雍正三年乙巳自夏六月末旬至秋七月十一日雨下如
注溪流大出縣治水溢丈餘　四年夏旱饑知縣劉良
璧捐米賑粥秋八月初七八日大風雨不止自福安寧

德下至北嶺蛟出大水泛溢山岸崩潰縣治水高城堞逾於三年西南城垣盡決沙壅民屯田圍不可耕者幾二十頃近江民居漂沒者三之一男婦溺死二百九十餘口時江南舖陳君元編木爲筏舉家坐其上縱其所如漂至長樂梅花與其婦將娩隨於筏上產男不惟舉家全活且添一丁而歸亦異事也奉

旨蠲額糧一百四十餘兩發倉穀三千餘石賑恤災民從知縣劉良璧請也公湖廣衡陽人時巡履境內被災之家不俟詳請先給穀石銀錢又以穀貸民約以來冬還及奉調盡以予民五年大疫十一年夏六月二十日颶風大作拔木壞屋舍

乾隆二年丁巳夏六月二十日金鐘潭龍鬣見二十六日又見洪水大作秋七月初三日又見初六日大風雨縣治水溢八月十五日颶風大作舟飛於岸屋瓦盡空山谷樹木如斬掘溺死人畜無算奉 文賑穀三千一百八十餘石銀一百三十餘兩貸給貧民穀二百七十九石銀一百九兩蠲免田賦九百七十兩衝陷田畝永遠蠲者十四兩零從知縣戚嵗言請也（是日省城南臺遇灾尤甚漂尸蔽江而下）

三年夏饑石穀價逾一金知縣戚嵗言訓導陳鵬南捐米賑粥集紳士庶殷實家捐穀五百石研米按日平

糶戸日二升約四旬餘禾熟民賴以安　五年秋八月大風雨拔木壞屋舟飛於山隣邑同日災　七年夏五月朔日食既晝晦　十二年十一月冬至夜地大震　十三年春旱至夏四月二十二日始雨　十五年秋八月初八日大風雨平地水溢七尺餘是年爲庚午科邑諸生入闈者具言貢院號舍水湮半龕　十六年秋七月大風雨　二十四年夏五月四日通濟橋競渡橋上聚觀如堵有訛言橋崩者衆皆衝突入城擁擠偃仆互相踐踏死者十數傷者無算端午罷競渡　二十六年夏安德里鑪山鳴　二十九年

夏五月不雨至秋大旱　三十年夏五月金鐘潭龍起雲霧晦冥風雷大作西郊農民被風飄至横槎墜於江岸無恙是年饑斗米百二十錢　三十二年春饑斗米百六十錢　三十三年自春三月至夏五月霪雨螟害稼夏五月有星晝見經旬乃滅　三十四年大饑夏雷震縣尾鋪胡某初其兄亦遭雷霹或咎其家素以米飯雜糞蛆飼匹雛當得此報　三十五年春三月十八日横槎渡覆溺死男婦四十餘人　三十七年夏五月雨雹秋九月初九日大水　三十八年夏六月十二日大水縣治溢丈餘官舍民居俱淫人

畜有溺死者至二十九日風雨大作平地水溢六尺海濱舟多覆溺福清長樂羅源及興泉郡同日災　先是崇禮鋪楊子德等八人聞古田尤溪等處有五穀仙甚神裹糧冬往請刻木塑泥以奉之幾於舉國若狂而是歲告歉十月二十六日地大震　三十九年冬十月二十四日地大震　四十年春夏大饑斗米百六十錢民掘蕉根食之　四十一年春三月二十六日雷震王家墩及蓬岐門下三人同日死秋七月　夜雷霹東較場旗干併民居屋柱兩處　四十二年夏六月美政街火延燒市肆五十八棡民居百餘棡冬十月二十六日地震十一

月初一日虹見　四十三年春二月霑雨夏四月二麥不熟貧家勉强食之腹痛石穀千六百錢夏六月旱稻大稔　四十五年夏五月饑六月初九日鑪峰下深水潭有龍上升自辰至午聲如殷雷踰刻片雲接引而去其尾人皆見之秋九月不雨至於冬十二月麥苗黃槁署縣陳煬禱於城隍始雨　四十六年春正月至夏四月十九日始雨斗米百四十錢秋七月十三日暴雨如注自未至戌山崩澗溢冬十月饑斗米百六十錢　四十七年夏旱稻倍收冬十月三十日大水河溢五尺十一月初一

日大水亦如之虹見者三雷發者三　四十八年冬十月初三四日大雨河溢六尺　四十九年春閏三月二麥不熟食之輒嘔夏四月大饑斗米百八十錢是時鄉餅棍徒乘間黨掠王者鳴於官至早稻登場盡捕之有繫獄死者五月平糶倉穀米價漸減冬十月初一日浦口民滕圭珍妻吳氏一產三男俱不育初五日水南街火二十六夜務後街火十一月初一夜大市街火吳姓留餘堂燬初二日務後街又火王姓任屋燬於妖　五十年自夏六月至冬十二月不雨旱不爲災　五十一年春正月朔日食　五十三年春二月初五夜大雨雪

平地深尺有咫自秋八月至次年正月不雨石穀二千一百錢　五十五年春正月初三夜大雨雪平地盈尺　五十七年夏六月二十日颶風大水　五十九年秋八月初八日至十五日大雨水田禾被淹是年秋至次年春虎爲灾上自降虎茶亭坡西貴安下至潘渡洪坑上下坂等墩旬月之間計噬男婦百餘嗣爲獵戶炮擊者一機取者一　六十年夏大饑民以草根和糠粃食之斗米三百六十錢六月早稻大熟米價頓減

嘉慶四年己未夏六月十七日颶風大水縣治水溢丈餘人畜有溺死者秋七月二十四日大風雨城中水溢如

之衝壞官舍民居　五年夏六月大水秋七月十五日颶風大作瓦石飛颺老樹盡拔塌壞官廨民廬無算　七年秋八月朔日食旣　八年冬十一月至次年春二月霪雨二麥歉收　九年春二月十一夜雨雹秋八月初三日大雨山水暴漲壅伏民田七月港裡墩民花家齊一戶食菌死者九口家齊妻與妯娌採樵掇菌以歸時近午飯烹而食之有頃皆頭暈腹逆手足厥冷踰時而斃其吐者雞犬食之亦斃餘有數人皆或先或後而飯者也中有二孕婦九人實十一人云　十年春饉夏饑斗米二百錢六月十五日雷震縣署後　文昌閣

【民國】連江縣志

曹剛等修　邱景雍等纂

民國二十二年(1933)鉛印本

連江縣志第三十五

附記

志修清宣統三年止全部結束似無可紀但印刷在中華民國二十一年此二十一年中耳目所及非無大且要者眾東恐其久而佚也故筆之於書俾後之續修得分門而綴入雖采緝無多要不背大事記之義例焉

壬子 中華民國一年秋大水監獄牆圮以儀門左邊班館爲拘留所

癸丑 二年知事趙錫榮修葺縣公署大堂易暖閣爲聽旁設傳達所

甲寅 三年政事堂禮制館議准頒發合祀 關壯穆侯 岳忠武王以張飛王濬韓擒虎李靖蘇定方郭子儀曹彬韓世忠旭烈兀徐達馮勝戚繼光配享列左以趙雲謝玄賀若弼尉遲敬德李光弼王彥章狄青劉錡郭侃常遇春藍玉周遇吉配享列右

乙卯 四年濬外河以加糧抽穀爲經費因城鄉有意見遂中止

（丙辰）五年（陽歷五月念五 / 陰歷四月念四）夜護國軍入城人家遷徙次日長門兵來護國軍先由大北門去

（陽歷八月一 / 陰歷七月初三）日颶風溪漲城中水深丈餘田禾大損

（陽歷十月初八 / 陰歷九月初十）夜東嶽舖下坂火延燒十餘家

（己未）八年（陽歷八月念五 / 陰歷閏七月初一）日大水

（庚申）九年（陽歷十一月九 / 陰歷九月念九）夜上橋竹店火延燒南門樓及通濟舖店屋五十餘家因此清官道兩旁店俱退後街闊公較尺二丈二尺

秋大水通濟橋之石梁欄楯俱被衝崩道尹王善荃澁連勸災聚東與邱景維林懿元陳景韓具稟道尹請將四年濬河欵三千員寄藏知事曹剛先行撥用道尹照准並撥賑捐欵八百員補助嗣曹剛陞任莆田甫接篆而病故被欠九百八十員後向省水利局請前之寄藏濬河欵先撥八百員抵用又被水利局主任施秉恒挪欠一百員幾至中止賴後任知事張景良以曹剛之交卸公債賤減價發售得三百員又捐廉五十員續遂告

成是役也幹事孫成康孫恒建盧守圭陳宜鏘收支陳利邦盧振琦經始於十年（陽歷四月七 陰歷二月十九）日落成在（陽歷十一年一月念五 陰歷十年十二月十七）日共費台伏三千七百四拾員有奇

壬戌 十一年（陽歷六月十六 陰歷五月念一）夜通濟橋第十門西邊石梁崩

（陽歷十月十八 陰歷九月念九）日粵軍入城分居祠廟索欵二萬員由商富擔任時縣公署案卷一空初續縣志亦在公署幸知事沈恒華先期付書吏翁文進挈歸收藏始得完璧

癸亥 十二年知事張善銘重建監獄因舊址並常平倉地而充拓之改鼓樓爲頭門均具規模

市政局魚肉市場亦次第成立局所假縣前舖武聖廟市塲取典史公署及總管戲臺地並買民居足之

（陽歷九月念 陰歷八月十）六日創設初級中學校校所假龍西舖游宗祠

乙丑 十四年（陽歷二月九 陰歷正月十六）夜通濟橋第八門西邊石梁崩

陽陰歷七月二十五月念九日建築初級中學校於遊擊公署廢地並買天后宮故址充之經費募諸捐者

丙寅十五年知事高時駕完築監獄頭門其經費取串照每張加三文縣志亦是年重繕但舊侶均歸道山披閱初稿間有事實變收體裁歧出並留空格以待補采聚東殫年餘精力將變收者刪歧出者定空格者補填一一就緒始成書而待梓

海軍創設聯歡社與公園社址舊之文昌祠移毀帝君星君等像取用翠竹樓俗呼三簽樓木料磚瓦劉先主關武聖張桓侯等像亦移毀園取分司公署及常平倉廢址並民間荔園

園長林壽國碑記余奉命防斯土軍務餘暇就城北隅闢公園度費用浩大也佐以兵工日三百人凡百日都三萬餘工勞矣園面積可三十畝凸者平之凹者補之相宜綴以亭池臺閣佳石奇葩而浴室運動場靡不畢具重衛生也園東北角舊有文昌宮頹圯殆盡卸其故址建聯歡社築費五千緡募諸捐者園築費四千緡余獨任之經始於五月落成於八月蓋其役者萬鴻翔周賢福首玉庭楊琦林漢飛劉同界林閩族李華新林成勳張濟發林嘉藻時中華民國十五年海軍陸隊第一混成旅步兵第三團團長林壽國勒石

丁卯 十六年陽曆九陰曆七月通濟民衆學校成立所假龍西舖謝宗祠
明倫民衆學校亦同時成立此校係講演所夜學校改設所在明倫堂西
邊
戊辰 十七年縣設建設局局所附設縣政府西偏
縣設初級法院時市政局併入建設局所假縣前舖武聖廟
陽曆十二陰曆十一月念九夜縣前舖火延燒四街店屋七十餘家沿九年例亦淸
官道街闊公較尺二丈四尺
己巳 十八年鳳城致文連江小學校俱成立鳳城係澄淸培靑兩校合併所
假崇雲舖朱子祠致文係靜致文筆兩校合併所假龍西舖五賢祠連江
小學校所假縣西舖游支祠
陽曆五陰曆四月念五念七日縣設第一屆直屬連江區黨部所假縣尾舖濤園
陽曆十二陰曆十一月改組司法爲閩侯地方法院連江分庭
庚午 十九年陽曆二陰曆正月十六十八日縣西舖天皇前火延燒二家

辛未二十年陽陰歷五三月六十八日下午六時通濟橋第七門西邊石梁崩

陽陰歷六五月十二初八日溪漲入城

陽陰歷七六月卅一念八日溪漲入城

陽陰歷十九月公設鑑江圖書館在崇禮鋪楊宗祠

壬申念一年陽陰歷二正月西城民衆學校成立所附致文小學校

陽陰歷四二月一念一日以連江全縣自治十七區縮爲八大區區設區長一人

第一區公所亦設楊宗祠

陽陰歷八七月五念四日溪漲入城

陽陰歷九八月二初二夜溪漲入城

黄澄淵修　余鍾英等纂

【民國】古田縣志

民國三十一年(1942)古田縣修志委員會鉛印本

附祥異

宋紹興二年四月霖雨至五月大水壞官民廬舍　淳熙五年大水漂縣治　慶元四年邑有豕食嬰兒　嘉泰二年大水漂官民廬舍溺死者數百

明成化二十一年三月雨至閏四月不止大水　二十三年旱大疫　宏治十一年大水復大疫死者甚衆　二十二年大旱疫　嘉靖廿八年六月廿八日大水漂官民廬舍溪山書院圮焉　三十七年大饑有司發預備倉以賑　萬曆十七年大饑發預備倉平糶　廿二年十一月地大震　三十二年四月縣學產芝一本　三十三年縣學又產芝一本俱有五色光　崇禎元年邑大饑

竹生米民採食之九年十五年亦如之、十六年田鼠為災形小
於常鼠色微紅行甚疾每以夜聚剪稻穗及莖蘗或數百破穴視
之大如阱稻積焉逾年乃絕
清順治五年竹生米禾根至春復生穀四月清兵到　六年饑米
每石銀五兩　康熙三十四年邑西門外有虎相食　康熙三十
五年二月五色雲現逾時乃散　六十年六月十九夜有星自西
而北形如矢後有衆小星隨之聲如鼓越五日而有熊定之變
雍正元年縣城五保朱家園産芝一本　四年歲歉開倉平糶
八年開倉平糶　乾隆三年饑開倉平糶　十二年六月出蛟田
不漂沒紫橋圮焉　十三年竹生米民食三閱月　同年九都出

蛟　十五年四十六都出蛟平地水深七八尺　二十七年饑　三十五年饑　四十六年饑　四十九年饑　五十一年東鄉杉洋火燒民舍百餘家　五十七年饑　六十年饑　嘉慶五年六月北鄉出蛟大水壞紫橋毀城垣七月又大水　十年大饑　十一年大饑　道光七年八月水口街火延燒四十餘家　十三年二月十七夜大雨壞屋瓦農產物遭大損失邑人陳日照有九言

紀事詩　二月十七[illegible]後一日夜半空中流[illegible]光[illegible]阿香驅車[illegible][illegible][illegible]百里[illegible]中[illegible]合[illegible]宿東和箕[illegible]然一聲飛來如拆屋[illegible]室[illegible]燭[illegible][illegible]飯[illegible][illegible][illegible]加[illegible][illegible]雨[illegible][illegible]上下東野[illegible]遇之[illegible][illegible]方[illegible][illegible][illegible][illegible][illegible]有[illegible]物乘[illegible]爪牙[illegible]開邊激射[illegible][illegible]三千[illegible][illegible][illegible][illegible][illegible]萬古流[illegible][illegible]文[illegible][illegible]肥[illegible][illegible][illegible][illegible][illegible]數[illegible][illegible]不[illegible][illegible][illegible][illegible][illegible][illegible]漁陽三[illegible][illegible][illegible]列[illegible][illegible][illegible][illegible][illegible]入[illegible][illegible]又如[illegible][illegible][illegible][illegible][illegible][illegible][illegible][illegible][illegible][illegible][illegible][illegible][illegible][illegible][illegible]七[illegible][illegible][illegible][illegible][illegible][illegible]一[illegible][illegible][illegible][illegible][illegible][illegible][illegible][illegible][illegible][illegible][illegible][illegible]數片[illegible][illegible]如[illegible][illegible]山林中[illegible][illegible]伏[illegible][illegible][illegible][illegible][illegible][illegible][illegible][illegible]父老[illegible][illegible][illegible][illegible][illegible][illegible][illegible][illegible]求[illegible]今[illegible]不可[illegible]人[illegible][illegible][illegible]地[illegible][illegible][illegible][illegible][illegible][illegible][illegible][illegible]落[illegible][illegible][illegible][illegible][illegible]入泥中深三尺可[illegible][illegible][illegible][illegible][illegible][illegible][illegible]牛馬[illegible][illegible][illegible][illegible][illegible][illegible]肉[illegible][illegible][illegible][illegible][illegible][illegible][illegible][illegible][illegible][illegible][illegible][illegible]下民[illegible][illegible]山[illegible][illegible][illegible][illegible][illegible]人[illegible][illegible][illegible]今[illegible][illegible][illegible][illegible][illegible]人[illegible][illegible]如斯只今天子[illegible][illegible][illegible][illegible][illegible][illegible][illegible][illegible][illegible][illegible][illegible][illegible][illegible][illegible]

贖救木擁花遊作亦奚爲或審錯任詩人苦吟詠杜陵茅屋眼見成濡足

十五年十六年三都松對一帶大旱田禾絕收　咸豐三年東鄉大饑　八年八月初八日省垣運火藥往上游道出水口街鐵鋪前適失慎火藥猝發斃五六人延燒數十家　同治四年邑大饑米每石價四千西鄉一帶篠竹生米民採以充食正月十四日小東芝山村一帶大風雷雨雹如杯壞廬舍五月初一日早晨地震　五年西鄉上院村有枯竹作人行斷之有大鱔出爲忽雷雹洪水驟至居民廬舍毀焉　六年十一月初九日水口街火焚四十餘家　七年閏四月坼地三陽林一帶篠竹生米時值大荒就居民咸採以代糧田鼠復爲災噬穀甚多　光緒二年五月初一至

初五水口大水盧舍傾倒人畜多死同月十一日南鄉花山地震暴風狂雨山崩民舍倒塌男女斃者四十三人有一人被風飄至三里外始落地當時由縣勘災具報給賑銀一百四十兩　三年五月黃田水口俱大水　七年八月二十八日東鄉杉洋火燒數十家　九年八月彗星出初三日黃田火燒三十餘家　十年閏五月初六夜星落如雨不逾月法國戰艦入閩馬江發生戰事六月彗星出光芒如匹練　十三年東鄉卓洋村火延燒三四十家　十八年三月二十九日水口火燒二百餘家　十一月谷口村火燒四十餘家　十九年正月西鄉鎮東槐林漈下東溪各處雨紅小豆色赤如朱　二十年東鄉西洋后崗街火燒三十餘家

卄一年六月十一日縣城煥文境火延　四十餘家　二十四年三月十二日黃田火燒五十餘家　二十五年三都一帶虎傷人　二十六年三月初二日邑大雹爲災大者如栲栳小者如杯盤凡所過之處屋瓦及樹木皆摧毀牛羊亦有被傷死者六月大水小東鄉一帶溪洋驟漲橋梁盡圮黃田谷口水口一帶漂沒甚衆延建米船不下沿江居民乏食者三日　二十八年沿江一帶大旱　卄九年二月文廟火閏月初七日城內十字街火延燒店屋十餘家六月十七日縣城大水傍城鄰家碓漂焉死者十四人三都各村鼠疫盛行　卅年六月十九日縣城大水紫橋圮城內水深數尺傍撈城內外民居皆傾圮縣署頭門亦圮焉　卅一年

九月初九日東鄉杉洋村火延燒民房店鋪百餘家　三十二年縣城大水壞民舍文治門圯崙東鄉西洋馬坂街火延燒民房三十餘家　宣統三年二月十七都高嶺橋東街火延燒店七十餘家五月井星山農民所種麥禾多不熟　民國元年八月雷震溪山書院　五年正月十三日地震二月西際鄉湯湖白石一帶雨雹大如斗　七年正月初一日巳時地震約一分鐘　十五年縣城元旱米每元十觔　十七年七月十八日小東鄉一帶大雨溪流暴漲傍晚望見有一團燈光閃閃從上溪流下遂臨水而去　二十年二月二十三日午前十一時日有五色暈數重閱數分鐘始滅六月二十七日大水飄蕩臨館鋪產物甚夥　二十二年四

月一保街火延燒店屋十餘家　二十七年九月城內西門街孫宅回祿延燒五家　二十八年冬歉收且因我國抗日期中交通阻滯米少價漲至廿九年春夏每元只買五斤或四觔甚至二斤有半秫米杭米亦然麥每元三斤豆每元三斤薯米每元五斤柴新每挑須一元以上芥草每挑亦七八角鹽每元約四斤半豬肉每斤在一元以上百物價值俱增至三四倍或六七倍工作覓食之人生活極感困難尤其甚者平民無處買米日夕斷炊不止赤貧之家已也

二十九年五月三日約近午刻日有五色重暈歷四五分鐘

是年八月十一夜八時許三保大街合春樓失火延燒店屋十六

家損失頗多

同月二十五夜八時三保中街張佘氏節孝祠坊火

九月十七日將午玉屏鎮四保渡船沉沒死者男女大小共二十一人查該處並非水勢凶急灘瀨可比向無失險此次因渡船破損雖之過渡者爭先赴搭人數太多以致演成空前之慘劇前車可鑒望後來人謹之愼之

【道光】屏南縣志

（清）梅鼎臣修　（清）陳之駒纂

抄本

屏南縣志

祥異志

屏南縣

乾隆四年春虎為虐至秋始息

四十九年夏大雨水淹田廬是歲飢

嘉慶十四年秋大水壞橋梁傷禾稼

道光四年九月謝教坑村雨雹大者如碗口損居民廬舍六畜遭之立斃

百歲壽民葉仙卿長坋村人忠厚醇謹生平足不履公庭兒孫滿眼鄰里榮之嘉慶九年

旌獎賜給昇平人瑞字樣併緞疋銀兩自行建坊
陸永賓前阬村人百有二歲持躬樸質秉性醇良五世同居
教家有法嘉慶一十二年
旌獎賜給昇平人瑞字樣併緞疋銀兩自行建坊
壽民陸永賓妻熊氏賦性端莊持身淑慎與夫俱登上壽曾
元盤々里閭豔羨嘉慶二十四年
旌獎賜給期頤偕老字樣併緞疋銀兩自行建坊
鄭元滔坑裏人樂善好施植品端方詳見人物志子朝寶貢生孫
鵬武舉人曾孫孔官元孫祖武一堂聚首怡然秩然知縣魏
象乾以五代繞膝旌之年九十卒

章永鶴後樟村人與妻鄭氏同登耄耋育六男俱成立五男
程乾隆庚子科武舉人一堂五世和壹羣居知縣涂溱給
以五代同堂匾訓導黄日昇旌之曰白髮齊眉

耆民章庇侯後樟村人居家勤儉處衆溫和男凌雲孫宗元
曾孫居姚三世俱入邑庠五代同居一堂和氣古屏兩邑
知縣咸給匾獎之年九十一卒

耆民葉正芝達善溪人秉性沉靜持躬端謹男上林孫成封
俱邑庠生曾元繞膝一堂五代卒年九十七

耆民蘇長福源柏村人素履端方終身未嘗入府城子德鳳
孫春濬邑庠五世和壹羣居計三十餘人現年九十六歲

祥異

何樹德修　黃恩波、張宗銘纂　陸章銓續纂

【民國】屏南縣志

災祥

聖人不侈言祥瑞而太和之氣播為休徵有識者自當敬謹臚陳以致頌美之意即有所謂災異在盛世亦無事諱言如土木之妖旱澇之患陰陽寒暑之偶愆正有司士庶所藉以隨時修省也第自分治後紀載缺如姑即見聞所及彙而書之以備稽考焉

乾隆四年春虎為虐至秋始息四十九年夏大水淹田廬是歲饑

嘉慶十四年秋大水壞橋梁傷禾稼

道光四年九月謝教坑村雨雹損民居廬舍

十三年歲大饑諸山産竹實形如小麥味淡性涼足以 三十
濟飢
十四年歲又飢竹實復生
十八年六月星殞如雨數夜皆然
十九年秋大熟米每斗五六十文
咸豐元年清明日四坪玉洋一帶雨雹如豆大填滿濱
墪不損禾稼里人謂龍王程惠還鄉祀墓云
咸豐二年秋彗星見西方
八年夏大水庠生甘炳焜歌云入春少雨農皆謗一雨十日農歸咷天地之大人有憾偏瞋偏潦權雜操吞屏今夏致淫雨朝朝暮暮風蕭蕭愁雲壘幕瀆潑墨鳴塢如鬼聲爭嘈夏至已過冷刺骨冬衣未卸

柳裝袍山泉瀉水傾盆下桑田滄海勢滔滔四郊平原多淪沒衢衢道路亡奔濤眼看沈禾如卷蔣氏食未免先嗷嗷嗟吾屏貧藉耕種所冀豐歲償不高去年以來未勝賣況遇此雨尤焦擾差嘉今朝水漸退泥浸曲巷賦如膏扶藜穿屐慰疇里共待紅日明晴晷

同治三年甲子飢

六年歲大熟麥兩岐禾九穗

九年三月初六日地刻地震

光緒八年秋彗星見東南隅

二十一年三月二十五日天大晴熱雨雹積二尺深

二十六年秋七月蒼龍見增貢黃恩波記云是歲之秋七月大旱邑人往往曲潦迎龍神入陸氏祠禱焉微有雨未足潔齋復往知縣孫公鵬儀徒步出十字亭以迎時驕陽赫赤天宇澄

三十一

廟一碧萬頃而樹木凉風瀟瀟颼有霜意衆惶惑忽有雲一縷起西北黑如墨旋大如車輪俄而大雨傾盆行者衣履盡濕雨止雲收赤日如故越明日晉龕上有物長尺餘作蒼玉色蛇身魚尾額廣有角腹垂珠點兩行五色斑爛光彩煥發時觀者如堵物居龕中不稍動搖公一見大喜歸告父老曰是名蒼龍上瑞也京師祀黃河致此必慶安瀾宜以金盆置水其中覆以紅綃舁祭園作樂神必止其上聽曲候其去樂乃止及夜衆入祠則被守祠者驅而去之溪中矣公聞大怒杖守祠者是歲則大熱

二十八年虎傷人遭其害者以百計

三十四年時疫盛行死者頗多

民國二年夏大饑米二斗五升值一金

七年春麻痘盛行冬時疫復大作死者以千計

二十二年飢居民採蕨根搗粉為食

七月大水東區章源長官黛溪各村田園圮壞

三十年春官嶺村天花流行死男女七十餘人

夏大飢居民多絕粒

三十二

【道光】莆田縣志稿

（清）林揚祖修

稿抄本

祥異志

唐貞元八年三月甘露降于文賦里潘嶺之原

宋太平興國八年八月颶風拔木壞廨宇民舍千八

十區

淳化四年正月知軍馮亮獻芝草

咸平九年紅橘連理又有橘附桑枝而生

熙寧八年上庠碧桃生實 碧桃無實徐鐸寓上庠見碧桃一實遂取之明年廷試第一

十年饑

元祐五年風大作海居之民漂蕩萬數

崇寧元年旱

大觀四年十二月二十日雨雪山盡白荔枝凍死

紹興七年秋試揭榜譙樓有紫氣光焰亘天（明年狀元黄公度榜眼陳俊卿並龔茂良等擢第十四人）

九年五月甘露降于壺公深瀆村芝草生華蓋岑鬱樓臺峥嶸

二十年春郡大廳有五色雀集于榕木上芝產後圃麥秀兩岐太守陸渙扁其堂曰三瑞是四月芝復

生于飛觴臺之東南如嬰兒之拳者五異色初如塗金旬日如凝脂又如渥丹後變如紫暈金又變中黃色太守為壇聚黃冠祝之三日觀者如堵遂以五芝名亭林光朝有記

二十七年夾漈溪一夕白氣亘天久而不滅無何夾漈鄭樵以遺逸召又劉鳳家有虹闖入井童繞几號躍如綬後鳳及翔皆以文章名世

隆興二年囏食詔守臣及常平使者賑之

乾道四年游洋民鑿井二丈餘得石有文曰石上狀元明年鄭僑廷試第一清源石起宗次之

五年閏六月乙巳夜風雨暴作漂廬舍民有溺死者

紹熙四年七月海風害稼

嘉定九年五月大水漂田廬害稼

元至正十九年三月連日雨氂

二十五年十月壬申地震有聲如雷

明永樂三年莆田縣學泮池生並頭蓮明年林環廷試第一

十四年大饑

正統中興化縣大疫虎兕縱橫邑人經歷蕭敏奏革本縣從之

景泰元年莆田縣學泮池生並頭蓮明年柯潛廷試第一

二年春夏大旱斗米二百錢

六年夏復旱民饑食

天順三年北山虎食人持杖群行亦不免山中數月絶人跡

成化八年虎害復作太守潘琴禱于城隍之神募人捕之乃止

十二年夏秋大旱原田同拆晚禾不成太守陳表以聞其年税糧免什之三

十五年蟲食禾斗米百錢境無可糴者

十九年夏海風作海溢田禾淹死斗米百餘錢

二十一年春夏雨不止壞田廬殺禾稼

二十二年春夏旱通判周正以聞不報其年六月乙卯地震有聲九月丙寅又震

二十三年二麥失收其秋乏禾是冬潮人載穀衢販舳艫相踵民賴以濟太守丁鏞申告災傷其年税粮得多派折色

宏治六年海風大作海船入平田官為鑿渠乃出其秋沿里禾無收

八年九月八日巳時地大震

十年七月十二日自未至酉大風掀揭雷雨晦冥屋

上磚瓦皆隨風飛舞相敲擊屋下人無處伏處山
中合抱大樹皆折斷如折麻稿然
十一年四月初二日至初五日大雨不止各處龍蛇
奮迅山崩水溢近山處水深及丈漂流人畜有豹
乘水至龜塘上樹爲人所獲平地水亦没胸人家
墻屋皆應時而倒五月十八日大雨復作寧海橋
近北兩門折斷其下漲爲深淵數日前居民聞橋
煌煌有聲至是折斷
十二年夏秋冬三時不雨民至無水可食南北洋爭

水有操戈相殺者時諸惡少欲為變太守陳效申
告上司以嚴治之及多方查辦
賑濟人心始定御史胡
華以聞其年稅糧全免
十三年春疫太守陳效施藥
又令各村禳禱
十四年正月二十八日酉時地震踰時二月初二日
卯時又震其冬隆寒冰結水厚半寸荔枝凍枯
正德五年九月山寇至
十五年地大震
十七年六月初一日慶雲見壺山之頂三日六日九
日連四見是年世宗入繼吾莆林俊方良永陳琳
鄭岳黃瀾黃鞏林富林有年林大輅應

召命者九人策
進士者十六人

七月初四日夜火光見東北偶良久乃散

嘉靖三年元日雨

四年春日又雪郡人御史朱淵
有雪壺歌叙

五年大旱無禾麥

七年大旱禾稼絶收郡人布政周宣有興
惠潮二守告糴書

十一年冬大雪

十八年九月火災初起知縣林興詔家次太守林有
祿家又數日清浦翁朝端夢神人
題其亭句曰夢本非真天外翩翩黃鵠起覺來何
物樓前片片白雲飛是夜火發有鳥下火中棲鳥

即柳子厚所云畢方鳥也

十九年歲大熟

二十二年五月十八日五色雲見於壺山之上是年吾莆中式第一名黃紱周第三黃謙第四林仰成第五江從春而林文賓則以訓導中式廣西第二名適完五魁之數亦一奇也

七月二十六日夜星流如火二十八日近晚石室巖後雲氣如人馬旗幟人遥指爲賊久之乃散

二十二年夏旱

二十四年歲大飢斗米過百錢

三十五年七月日間天鼓鳴雨下如雹
三十六年十一月赤眚見熠如螢大城中大恐金鼓之聲闐然不絶
三十八年有妖道自漳泉來駕言馬騮精昏黑眛蟲女子須㩧金伐鼓索符禳辟於是城中具金乞符後先徼逐而人家女兒輒恐僵地者後有司以左道逐之
六月既望天鼓鳴如風水相札移時不絶
三十九年五月郡中雨毛狀如鶖鈕柳絮飄颯而下移時乃止又雨雹

大風拔木飄瓦海瀆圍放根荄盡拔
四十年夏雨毛秋有獸渡海入塘下惠洋地方狀如
羊大如馬人搏食之又是秋東郊外有酒媼家豬
生一頭六足
四十一年春城中大祲立春行禮城樓
八月初旬紫帽山鳴三夜
四十二年大風雨堤決海水泛溢至城外
隆慶四年風雨雷雹大作雷四面起房屋皆動電如火光天地為赤
八月初七日雨大作至九月止壺公山有蛟起土崩

數丈

五年七月二十日有雙龍現于東華一昇天一入江

中僉事余一鵬有記

六年八月文賦里西冲院有大蛇出吞鹿人不敢捕

遂視蛇腹下有字

萬歷二年八月初四日未時地震從東南方起至西

北方聲大如雷大小房屋搖動溝水泛溢

三年七月初四日當晝有龍起自東北黑雲四繞黑

中一直白如雪迤邐升去是夜雨如注

七年六月南山寺瞻拜亭堦下第三株杜樅樹雷起
其中電光閃灼雲霧迷人雷轟轟地上半日不起
抵晚方震樹尾折次早視其下多龍文金碧隱見
十一年八月霖雨至次年正月陰雲不開冬禾没水
中民間用火焙稻頗為艱食
十四年孝義里地裂丈餘水涌出黑沙臭如硫黄沙
土多牛跡　又是年及次年連歲旱禾大損
二十一年九月初九日寧海橋折一門居旁者先三
夜聞有聲喤喤然、

二十八年七月大雨三日水溢城不浸者丈餘四野
一壑鄉村屋傾無數海船至城下小艇直入南市
三十年烈風連五日冬禾大損
三十一年十一月地一夜五震
三十二年十二月初九夜地大震自南而北樹木皆
摇有聲樓鵶驚飛城崩數處城中大厦幾傾鄉閭
屋傾無數有傷人者洋尾下柯地港利田皆裂中
出黑沙作硫磺臭池水亦因地裂而涸初十夜地
又震

三十三年旱禾大熟

三十四年大旱田禾盡枯是歲斗米二百錢

三十七年四月五色雲見北方五月六日午時地震

三十八年歲大熟

三十九年八月五色雲見紫帽山六月龍起西門外

北磨磨皆毀山崩水涌大雨如注是年大熟

四十年正月三十日夜深時火光見城內東廂等處

衆疑大起光焰異常是夜四鼓又見四月十二日

夜近黃石地方雨雹大如拳風雨大作折木飛瓦

四十一年七八月大旱

崇禎二年七月二十日雨血

十二年八月十七日大風飄屋拔木九月雨豆

十三年正月大雨雪

十六年九月三十日颶風大作東角一派長堤盡壞

海水淹入洋晚禾絶粒

十七年正月大雨雪是年 詔官司賑卹流民秋禾生鎗

康熙三年春夏不雨禾稼盡枯遝民流散失業或餓

死邑紳士爲饘粥以食之子女多多轉賣外有六月

大雨連七日夜水暴漲漂蕩民居無數水及半城舟從東門入者至五大夫坊從南門入者至譙樓前郡邑登城致祭投縣顆於水以禳之閏六月六日水乃退

四年饑鄉民有自鬻其妻者

六年大有年

十九年春旱穀石三兩八月初七夜仙邑大雨山俱崩裂夜半水暴漲自仙邑南溪至瀨溪下柯等鄉漂沒廬舍男婦無算有全家俱沒者萊園頭一村溺去一百二十餘人寧海橋折五門

二十年十月二十二日災後街大度燬民舍數百間

二十三年五色雲見西南方
二十五年秋七月地震有聲如雷
二十六年五月十七日大風發屋拔木
三十年春旱地生毛七月十五夜大風廿九夜又風
海水汎溢入隄淹沒沿海田廬海船隨水漂入沙
隄五龍地方
三十一年二月十二日夜𧸐樓大
三十五年春旱五月初三日微雨復旱是歲旱禾無
布南北二洋溝渠盡涸

四十二年旱至四月十五日始雨早禾大歉
四十三年早禾大熟
四十四年春旱早禾不熟冬十月丑時地大震有聲
四十六年四月廿七日有雨虎匿于烏山重城古涵
内發炮斃之隨曳出
四十七年大有年穀價每石二錢四分疫氣流行
四十九年二月亥時地震春夏大旱斗米二百錢飢
民載道　詔發漕米數萬石從海運賑濟是年錢
糧免十之五

五十五年山中有虎患多食童男女
五十八年旱禾一莖雙穗
六十年正月廿七日大雨雪屋瓦山林盡白平地深
尺許夜色如晝數日始消
六十一年夏疫有全家俱殁者
雍正二年四月丑時天忽裂開有大星飛出長數丈
餘自東南向西北光芒爍發如放烟火俄而墜地
隱隱如雷聲五月初九日颶風大作
四年五月十三日村民群起劫掠至十九日郡守李

汝霖嚴緝伏法

五年二月初三日雨豆紫碧色堅不可食月餘百價皆貴鹽尤甚三月十六日連日雨土四望如霧尋雨虫如釵股大色微紫四月雨麥抽芽二寸許不實

六年五月初一日大風至初六日方息瀆海飛沙壅壓民居田井

十年八月十六日至十八日連日大雨水溢舟可入城南北洋民居衝壞無數寧海橋折水深丈餘九

月初九日夜地震有聲

十三年春不雨

乾隆三年自夏至秋三月旱

四年五月初一日不雨至八月十六日始雨

五年七月二十日雨即止至六年三月廿八日始雨
八月廿四日雨即止至次年四月初八日微雨又
止穀價涌貴斗米二百餘錢民間買水每担十四
錢

八年五月十三日颶風大作十九日又作

九年秋旱至仲冬始雨九月初二日南力里珠橋舖
民人林瑞妻葉氏一產三男照例賞給米五石價銀五兩布十疋價銀一兩六錢五分

十年五月至七月始雨

十一年閏三月縣治東邊吏廨災

十二年春旱至四月廿三日大雨七月十四日風雨
大作海溢晚稻薯豆盡被淹沒十一月彗星見

十五年六月雨血十二月廿五日大雷雨

十六年春松樹生虫枝葉俱枯五月雨雹五六兩月

旱溝澮皆涸七月巳刻雨至午刻止東華地方滿
水暴漲有龍乘黑雲上昇挾舟置坡上指爪所及
瓦屋飛墜數十步不壞十二月初六日夜半地震
有聲二三刻方止
十七年春斗米二百錢八月初三日大風初四日海
溢堤潰水至水南沙堤等處附海晚禾番薯盡沒
十一月十五日雨雪廿七日聞雷
十八年春夏大疫城鄉男婦老幼死亡無算棺木價
湧又積雨彌旬百物皆貴鹽尤甚秋旱

十九年五月雨絲屋瓦樹林如蛛布網至晚方消平
地則不見廿三日大風拔木至廿九日方息八月
十二日颶風又作海溢入隄稲薯盡没七八月間
雷電屢震男女死者二十餘人九月初一日合浦
里西余鋪民人朱漢志妻林氏一産三男（照例賞給）十
一月初八日虹見十七日大雷雨
十八十九兩年牛多瘴死以人力代耕農甚苦之
二十年三月廿二日雨雹
二十一年旱禾大熟

新增祥異

乾隆五十一年五月興安書院池中開並蒂蓮五朵

山長翁霔霖有詩紀之

六十年春夏大饑米斗六百四十錢知縣王致禮詳

請開倉平糶

嘉慶二年六月大水舟可入市壺公山崩城東民房

坍壞無數

七年三月十八日戌刻有星大如斗自東流入西末

迸裂如三毬其光如月森芒四射沒如雷響殷

殷然

十二年八月二十九日晚彗見於西方芒長尺餘其
光動搖初更即隱每夜如是至九月二十九日方
滅十二月十九日夜蚩尤旗見長丈餘二十八日
雨雹

十三年三月壺公山頂五色雲見五月初八日夜地
震屋瓦有聲又壺公山頂燈光見數夜木蘭陂
水廻瀾定庄池水紅一月

十四年二月十三日中刻地震有聲六月十六日日

暈過午夜黑氣一條貫月六月十八日地震夜
又震二十六日夜又震二十七日夜又震
十五年四月初五日城中金橋井間有氣出如雲
烟六月興安書院開並蒂蓮花兩朵
十六年二月二十四日卯刻地大震有聲八月二
十五日夜彗見西北隅光芒丈餘兩月乃滅
十八年六月彗見至九月始滅
十九年十月十三日巳刻地大震有聲如雷未刻
又震酉刻又震

二十一年三月木蘭陂水廻瀾五月莆學泮池開
並蒂蓮花
二十二年竹生實如小麥山間有竹者或收至數
石食之其味亦如小麥
二十五年春大旱夏又大旱
七月二十五日黃氣如霧滿天
道光元年二麦不登每觔價四十八九民有錢無所
買米署知府李嗣鄴至勸殷户者出米設廠於
鳳山寺平糶米幾去知府俞恒潤繼之民賴無饑立

石鳳山寺法堂翰林郭尚先為之記　歲庚辰興化再旱次年麦不登比戶艱食適貴筑李公權五郡募士之好義者出米有差官給其直於鳳山寺糶之以平市價未浹月受代去太守大興俞公申勸益廣民賴無餒皆曰微二太守之德吾儕填溝壑矣凡七旬事竟勒石以志不忘且使後之护志來者有考焉太守俞公名恒潤司馬李公名嗣鄴經理其事者舉人曾振聲拔貢郭尚英諸生翁瓊英宜附書

是年七八月大疫流行皆吐瀉暴卒朝人夕鬼不可勝數

二年五月初三日夜地大震六七月大疫仍吐瀉暴卒

三年六七月又大疫吐瀉暴卒
五年八月十五日夜有星自東而南流光照地如月十
七日有星大如圓笠其光照地如月漸沒於西聲如
雷二十二日彗見長二丈二十六日彗見東北方有白
氣一條貫之二十八日彗末有三星大如拳九月
初二日五色虹見十月十五日夜五更地大震
六年四月申刻天降黃雨至地視之似鉛丹初六
日黃雨又降八月初八日夜蚩尤見一時一滅十
二月有星六七從西飛過十九日夜地大震大雨

七年六月初七日午刻日暈有彩色

八年六月十三日五色雲見壺公山頂

九年夏大旱七月二十八日知縣胡效曾詣黃石北辰宮禱雨是夕五色雲見天中二十九日大雷雨滂沱

十年六月初七日夜有星自東北流西南其光照地如月七月初七日壺公山頂五色雲見